Test Tubes and the Pen:
Sixty Explorations beyond the Textbook

試管與筆桿

遺傳學家的60個跨域探索

陳文盛 著

啊哈！試管與筆桿

于宏燦（臺灣大學生命科學系教授）

　　基於地球環境的快速演變，近年來一群科學家聯合提議，將二十世紀中葉作為一個分界點，1950年代之後，稱為人類世（Anthropocene）。這提議表面上的動機，是環境變遷的步伐不僅加快且變重，其實背後的原因是人類科學進展及衍生科技所促成的演變所致。因此，今世的你不能不理解科學！你可能不是科學家，但你不能沒有科學的思維！

　　說真的，作為一個人類世的一員，你不僅天天都在目睹科學、思考科學、行使且享用科學，遑論面對科學衍生的各種困擾。科學就是生活！這不是危言聳聽，而是事實。

　　科學家做的科學或許深奧難懂，但本書作者陳文盛老師筆下的科學（儘管他謙稱自己只是遺傳學家），既有趣味又容易懂，更是符合書名所說的「跨域探索」。六十篇文章的標題中，不只是有讀者預料中科普書會出現的字眼，像是「科學家」、「病毒」、「基因」、「科學精神」、「演化」、「DNA」……更出現了「竹蜻蜓」、「柚子」、「炒米粉」、「氣泡水」、「布丁」、「撞球」、「魔術師」、「去蕪存菁」等名詞，充滿了無窮的童趣和誘惑！

這些文章的篇幅都不長，但我注意到其中有幾則比其他篇稍微長一點，陳老師多說了一些，例如〈問什麼？怎麼問？〉這篇，就多花了一些篇幅解釋做科學最基本的原則；然而不只科學，凡是有困難要解決都是如此，要「問對問題」，也就是要有「科學思維」。最後，還有一些標題所含的字眼如「必需的錯」、「浪漫」、「奇兵」、「酒力」等，都顯示了陳老師的跨域，絕不止於科學領域，甚至包括生活藝術、美術、哲學呢！至於跨到多大，有待讀者自己去閱讀體會嘍！

科學，本來就應該在教科書外

林奇宏（陽明交通大學校長）

　　科學，不只是教科書上的知識，而是生活周遭的趣事。如果都只把科學當作課堂上的考試，那豈不是太無趣了？

　　從我們起床睜開眼睛，陽光從窗邊灑落，太陽光能從遙遠的宇宙透過大氣層照射到地球表面，這是一種天文物理現象；接著在餐桌上享用早餐，如果沒有畜牧與食品科學，恐怕這份餐點的美味會大打折扣；趕在最後一刻搭乘交通工具上班上課，得歸功於內燃機、電池動力等工程物理的結晶。拿起手機看一下有沒有人LINE，智慧手錶監測心跳血壓，這是通信科學結合醫學的應用；下班下課後沖個熱水澡，水的溫度由熱水器控制，這是熱力學的展現；洗完澡躺在床上享受Netflix串流或是上網購物，也有賴於資訊科學與電子商務。

　　科學，其實就在我們的生活周遭，只是我們太過習以為常而不自知。陳文盛教授這本《試管與筆桿：遺傳學家的60個跨域探索》，讓我們赫然發現原來生活周遭的科學那麼有趣。

　　為什麼蘋果會從樹上掉下來？這不是牛頓的專利，而是我們每個人的好奇。科學源自於人類探究世界運作的真理，它起源於人類對萬事萬物的好奇。如果我們對自己生活的世界沒有一絲絲的好奇

心，只將科學當成讀書考試升學的工具，那不是本末倒置了嗎？

《試管與筆桿：遺傳學家的60個跨域探索》讓人回想起小時候第一次接觸科學時的童心未泯。那時候沒有考試，沒有作業，只有無限的好奇，數不盡的疑問，凡事都想要一探究竟。這是一本很輕鬆的科普讀物，每一篇故事都讓人有「啊！原來是這樣子啊！」的驚豔。

科學就在你我日常生活的周遭，本來就應該在教科書外。

科學即人生的實踐

林宣安（臺中市立長億高中理化教師）

> 身為一位科學家，最高境界的樂趣總來自於發現和解謎。
> ——陳文盛

看文盛老師的科普文章，就簡單兩個字形容：享受！

就如同副書名「遺傳學家的60個跨域探索」所呈現的，是一場令人享受的科學探索。真心佩服文盛老師強大的專業知識，但他的文字娓娓道來卻不會讓人感到艱澀，而是如沐春風般的舒服，更有許多從科學知識中延伸出的人生哲理，總是讓人停下思考許久。

例如文盛老師曾在書中寫道：「資料庫大不一定是好事。只要能應付需求，短小精幹最好。」在現今AI當道的時代，幾乎所有人都以大數據馬首是瞻，當然大數據處理對於「人工智慧」來說只是小蛋糕一片，但最終成果還是需要「工人智慧」過濾與篩選，而我們就是最終的「工人」啊，文盛老師這句話著實發人深省。

在《試管與筆桿》一書中，我們感受到許多科學即人生的實踐，不但有科學家對真理探究的堅持，還有哲學家對人生態度的轉化，我想，這也是我想要追求的目標吧！

兼具理性與感性的科學家

陳俊銘（陽明交通大學生命科學系暨基因體科學研究所教授兼所長）

　　在某個週末，收到遠流出版公司來信，邀我為陳文盛教授新作《試管與筆桿》一書撰寫推薦文。在那週末很順暢地一篇篇拜讀完陳教授的文章，書中文章篇篇與科學相關，卻絲毫沒有科學文章常見的專業生硬語詞導致的閱讀窒礙感。

　　文章每每由陳教授的生活經驗所接觸的人事物作為故事的開場，引導讀者進入主題以解釋生活中的物理、化學現象，更多的部分是生物學與分子生物學的經典故事，也談論作為科學人的態度與哲學。其範疇可以是談古亦論今，尤其新冠疫情期間，也說說新冠病毒及RNA疫苗發展等，每一篇文章故事不僅讀來生動，文末亦附有陳教授自己繪製的插圖，更增添閱讀時的趣味與畫面想像。

　　陳教授是我的師執輩，我自研究生時期在陽明醫學院到陽明大學時代便認識遺傳所的陳教授。當時各個研究所活躍的學術風氣，自然而然地感染了許多年輕學子在科學研究之路上發展，而陳教授的學生們更能直接受益於他的學術藝術風格，讓許多人在學術、產業、政府部門都有所發揮。

　　後來我們在生命科學系與遺傳所合併後的生命科學系暨基因體科學研究所成為同事，一直覺得陳教授是位浪漫的科學家，兼具著

理性與感性，涉略極廣。書中談到DNA鹼基配對有一段話，令我印象深刻：「鹼基互補的相輔相成原理，就存於陰陽太極圖中：畫出陰的輪廓，就得到陽的輪廓，反之亦然。」科學道理與人生哲學裡的陰陽相繼、綿延不斷，在字裡行間反映出一位科學家對科學的理解與素養。

　　本書不僅可以提供社會大眾作為科普讀物，亦是年輕學子們在課堂外延伸的閱讀材料。

　　書中趣味自有其奧妙之處，誠摯地推薦給您！

教科書外的奇妙旅程

黃貞祥（清華大學生命科學系副教授）

　　科學方法，是認識這個世界的諸多有效方式之一。

　　絕大多數願意投身基礎科學的主修和研究的莘莘學子們，也都曾對科學世界的精妙絕倫和豐富多彩感到無比的熱情吧？我之所以投身生命科學研究，其實也只是簡單地看到一顆母細胞精準地分裂成兩顆子細胞時的感動；選擇遺傳學為學術發展方向，也只是在做果蠅實驗時，一再驗證了孟德爾定律的準確性，以及和達爾文理論的完美結合，如此一般的小確幸而已。

　　然而，當我們修習了越來越多艱澀的專業課程後，疲於應付各種報告和考試，我們是否漸漸忘卻了科學帶來那種最初的美好？

　　在認真學習科學時，啃讀教科書似乎是「必要之惡」，可是科學發現的真實過程，遠比教科書裡輕描淡寫的段落更曲折離奇許多，而且在科學研究和探索之路上，能夠帶來的指引和啟發，絕對比起在教科書中已定案的知識更多許多。

　　讓我們來讀一讀這本陳文盛老師的《試管與筆桿》吧，讓我們再保持對世界好奇的初心吧！從中秋節時期盛產的文旦柚子到我們生活中各種吃喝玩樂背後的科學道理，陳文盛老師都懷著純樸的好奇心探索一番。當然，成為專業科學家後，或許看待世界的眼光會

和稚嫩的求學時期有所不同了，可是歷史中偉大的科學家，在陳文盛老師筆下，仍有各種天真爛漫的情懷。

《試管與筆桿》中許多有趣的小故事，讓我們見識到產生教科書中五花八門知識的科學研究世界，有多麼多彩多姿。而且更重要的是讓我們知道，正確的科學態度和精神，才能讓我們不斷在面臨各種未知和阻礙時，即使有再多迷惘和困惑，仍然能走在正確的道路上！

莫忘初衷，共勉之！

一本會讓你收穫滿滿的書

葉綠舒（慈濟大學通識教育中心助理教授）

第一次接觸到陳文盛老師的作品，是他的《線索》這本書。忘了是什麼時候看到它的，但在科普書類幾乎被國外作品壟斷的狀況下，能看到臺灣本土的老師願意花時間娓娓道來自己的研究，而且內容還相當生動有趣，真的覺得既驚訝又感動。

不論是在科學研究或是科普寫作上，陳老師都是我的大前輩。再次拜讀陳老師的大作，是《孟德爾之夢》。這本書非常地精彩，我在閱讀後，也訝異於陳老師在研究鏈黴菌之餘，尚有餘裕可以深入了解其他領域，而且還出了這樣精彩的科普書籍！

最近，從出版社得知，陳老師又要出書了！這次是集結他五年來在《科學人》專欄的作品，成為《試管與筆桿》一書。承蒙不棄，被交付了寫推薦文這個任務，我也得以先睹為快。

一看之下，真的對陳老師敬佩不已。陳老師的學識淵博，文章不只是侷限於生物方面，還有化學、物理等等，我雖然從事科普寫作已有多年，但僅限於生物方面，物理是萬萬不敢接觸的。但陳老師不但能講，還能把艱深的題目講得容易，這真的是不容易。

在先睹為快之餘，也發現陳老師和我的更多共通之處！不只是在科普推廣方面，陳老師跟我一樣，博士班時也是以噬菌體為研究

材料，只是我不論在科研或科普上的成就，都遠遠不及陳老師。

　　真的很敬佩陳老師的淵博學識，說到推薦我其實覺得我沒有資格，但還是要鄭重向讀者說，這是一本會讓你收穫滿滿的書，絕對值得收藏。

一起享受科學新知帶來的悸動吧！

蔡任圃（北一女中生物科教師）

　　《試管與筆桿》是陳文盛教授將之前發表的短文，依主題分類、編輯成書；這些短文的文字通順易懂，就像是陳教授在你面前和你聊天般親切，且因每個主題的篇幅不大，很容易就能掌握重要概念。

　　本書許多議題從生活經驗出發，例如：爆米花、痛風、竹蜻蜓等，其原理涵蓋了生物、物理、化學、數學等領域，非常符合新時代的潮流，有整合跨科概念的效果。此外，每篇文章皆有作者所創作的插圖，畫風詼諧有趣又能畫龍點睛，除了提供讀者閱讀理解的經驗外，還多了圖像的概念呼應，閱讀起來很有畫面。

　　本書也討論許多在生物學教學上的疑難雜症，例如：為何孟德爾不繼續進行豌豆雜交實驗？為何達爾文沒有受到孟德爾遺傳法則的影響？艾佛瑞的研究為何沒有說服當時的科學家？也點出研究領域的許多現象，例如：如何決定論文發表時的掛名作者？這些議題非常適合高中學生與科學教育工作者思考、討論。

　　若您是一位高中生物老師，本書內容與高中生物課程中遺傳的章節息息相關，非常適合作為教學的補充資料，幫助學生重建、還原當時的科學發展歷程，也能讓讀者體會科學家所遭遇的困難、耐

心與毅力，以及運氣。而在「科學精神與研究態度」一節中，更是提供讀者許多重要且正向的做人處事態度及思辨的方法。

　　陳教授本身就是一位著名的研究者，他也分享了自身的研究經歷，帶領讀者重回「發現」的現場。讓我們一起享受發現科學新知的興奮悸動吧！

在課堂之外觀看科學

戴明鳳（清華大學物理系教授兼跨領域科學教育中心主任）

科學不是每一個人的志業，但每個人的生活都離不開科學。

近多年來敝人將不少精力從學術研究領域轉移到大眾科普教育研發與推廣工作上，故每天隨時想的即是如何能將學術殿堂中原為深澀難懂的科學轉化成普羅大眾能懂，且也有興趣了解的知識。特別是希望能夠有更多的年青學子能懂科學、愛科學，進而將探究科學變成終生的志業。

陳文盛教授這本書中收集了六十篇在科學雜誌上發表過的文章，是陳教授這半個世紀來融合了課內、課外學習與教學經歷的結晶，篇篇珠璣。這本書對有志於科普推廣的我提供了許多新的概念和更多元化的思考方式，真是獲益匪淺。

科普教育的挑戰就是如何將複雜深奧的科學知識轉化成簡單容易明瞭的說法，說來容易但做起來卻有諸多面向的困難。科學有連續性，若無法清楚地解釋來龍去脈，截頭去尾的內容更是令人摸不著頭緒。但若全部都要解釋清楚，又曠日費時，以致喪失了科普的初衷。在此兩難之外，還要有趣味性。套一句網路的流行用語──科普既要能「吸睛」，更要「入心」。在這些重重的挑戰中，本書作者開出了一條特有的推廣之路，陳教授在課堂外、實驗室外，直

接透過生活來觀看生命科學，用深入淺出的方式介紹生命與科學的奧妙和發現。

此外，最吸引我之處是陳教授為每篇文章所設定的標題，以及他親手為每一篇文章繪製的插圖漫畫。好的標題就像是好的詩句，雖字數有限，但想像卻是無限。每篇結尾饒富趣味與意涵的漫畫插圖，更是充分展現出畫龍點睛的科學傳播效益。一般常見的漫畫多是以政治或社會為主題，能做好科學漫畫的作品實在不多。物理學界也有不少學者或相關工作者嘗試用漫畫來解釋相對論或量子力學，但效果較為有限。在生命科學界有如陳教授這位被生命科學耽誤的漫畫家，才能做到用漫畫來為生命科學的文章做結尾。這些圖就如同標題一樣，一格漫畫的內容是簡單的，但能引起的想像卻是無窮的。

在今天網路當道、短視頻成為主流的時代，開卷閱讀好文成為一個難得的機會。讀者的專注力越來越短、越來越差，這本科普的珠璣集是一副很好的解藥。不管你是科學人或是需要科普的普羅大眾，讓我們重拾閱讀的樂趣、翻書的樂趣和博君一笑的樂趣。

滿足與快樂的收穫

你要做的不是看見從未見過的，而是從每日看見的
想到從未想到的……

——薛丁格（量子物理學家）

這是一本偏生物學的科普書，帶有藝術成份的科普書。

我從小喜歡科學，喜歡動手搞東搞西，喜歡追究科學道理。我也喜歡文學，除了喜歡閱讀之外，也喜歡寫寫東西。我還喜歡畫畫。我阿嬤在世時很喜歡告訴別人，說她如何坐在板凳看尚未入學的我手持瓦片在地上塗鴉。長大之後，我走上科學研究和教育之途，把寫作和繪畫放在業餘的休閒活動。

1998年，我出了一本書《線索：一位本土科學家的心路歷程》，敘述我與實驗室夥伴研究細菌染色體的一段歷史。書中有一幅速寫，畫的是我們旅居英國時的寓所。當時我在暮色中從實驗室走回來，望見窗口洋溢的溫暖燈火，想起屋裡等我回去的家人，心中的感觸讓我停下腳步，站在那裡用馬克筆留住當下的景色。

九年後，我又出了一本書《孟德爾之夢：基因的百年歷史》，也是講歷史，是別人的歷史，從達爾文的演化論和孟德爾的豌豆遺

傳研究開始，一直到染色體、基因和遺傳密碼的完整解密，整整一個世紀的歷史故事。當時《科學人》副總編輯張孟媛小姐鼓勵我將更多的畫用在封面、章節開頭和內文裡。其中有一幅鴿子（象徵養鴿的達爾文）和豌豆（象徵種豆的孟德爾）的線條圖，我很喜歡，後來簽書的時候，我都用一筆畫的手法表現它。

在這同一時間，孟媛也邀我開始每月在《科學人》雜誌開闢一個專欄，取名「教科書之外」，意思就是談些教科書沒交代的有趣科學，包括浮現或隱藏在生活中的科學現象或原理，並且傳佈前人有趣的，但是被忽視的重要觀念。專欄的一個特色就是每篇文章都搭配一幅我畫的漫畫，幫助理解並添加趣味和幽默。這樣科學、文學和藝術的結合，我很喜歡；同時用文字和圖畫探討科學，感覺很充實和滿足。當然這也帶來一層挑戰，就是每次都要想出並且畫出和主題相關、又帶有笑點的漫畫。

現在這第三本書《試管與筆桿：遺傳學家的60個跨域探索》就挑選這六年來五十九篇「教科書之外」專欄文章，加上一篇先前發表過的文章結集成冊。全部六十篇歸類成五個部份：Part 1「吃喝玩樂的科學」講的是一些日常生活想得到、用得到、學得到的科學，譬如：撞球的物理力學、宮保雞丁的化學反應、炒米粉的凝膠過濾層析法和竹蜻蜓的流體力學等等。Part 2「科學家的理性與感性」和Part 3「科學精神與研究態度」講的是科學家在研究與其他活動之間的互動和平衡，譬如：孟德爾與達爾文的對照、莫納德和卡繆的跨域之交、費曼的繪畫修養等等。Part 4「基因、密碼、演

化」和Part 5「生命的延續與互動」就回歸到我個人的學術專長，談論DNA、遺傳、病毒、細菌和生物演化等議題。

這樣綜合科學、文學和藝術的專欄寫作，我如何進行呢？當然每一篇的寫作流程都不太一樣，不過大致而言，我最初通常先會有個靈感或疑問閃現在腦海中，這個靈感或疑問可能來自我所看到的、所聽到的或所想到的。經過深入的閱讀、思考、討論，我可能逐漸找到答案，或至少部份的答案。隨後我會進一步發掘更深入或相關的問題和現象，獲得更扎實和廣闊的結果。至於漫畫的點子，運氣好的話，一開始就浮現，甚至是整篇文章的引子；運氣不好的話，文章寫完很久都還沒有影子，所以我電腦中就常常存著寫好的文稿，在等著可用的漫畫點子出現。

舉一個例子，我撰寫〈核酸惹禍〉（第6篇）的念頭是源自有次聽患痛風的朋友說要少吃牛排、豬肝、腰花、香菇等高嘌呤的食物，免得尿酸過高發生結石。嘌呤是核酸（DNA和RNA）的鹼基單位之一，畢生研究核酸的我，就好奇為什麼有些食物嘌呤的含量會特別高。我問同僚和醫生，他們都說不知道。我自己就提出一個很簡單的推理，嘌呤含量高，是因為DNA含量高；DNA含量高，就表示細胞含量高，所以嘌呤含量高的食物只是細胞含量高。我開始搜尋相關文獻驗證，雖然沒有文獻明確地如此說，但是它們的數據都支持我的論點，譬如：肝臟都是密密麻麻的細胞，嘌呤就超高；蛋幾乎沒有細胞，嘌呤就幾乎沒有。此外，在鑽研過程中，我還發現一項有趣的事實，就是猿類之外的動物很少罹患痛風。這就

引出基因的突變及有趣的演化意義，使整篇文章有更充實的知識和趣味。至於這篇文章的插畫，我很苦惱一直想不出來，最後才想到乾脆讓DNA分子上的鹼基活過來講話。

　　我的這些專欄文章都經過孟媛和彭琬芸小姐很用心的校對、潤飾和編排，衷心感謝她們。本書的策劃和編輯要感謝遠流的王明雪、舒意雯與林孜懃所花費的心思和辛勞；至於美術方面則要感謝唐壽南（封面設計）與陳春惠（內頁設計）展現的精湛功力。最後要感激于宏燦、林奇宏、林宣安、陳俊銘、黃貞祥、葉綠舒、蔡任圃和戴明鳳八位老師們熱情撰文推薦，以及曹玉婷醫師的具名推薦。謝謝你們！

　　在創作的路程中，我難免遭遇一些障礙與挫折，但也收穫到很多滿足與快樂。親愛的讀者，希望你們在翻閱這本書的時候，不會遭遇太多障礙或挫折，收穫到很多滿足與快樂。

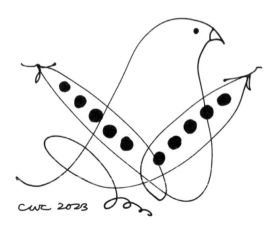

CWC 2023

目錄

PART 1　吃喝玩樂的科學

PART 2　科學家的理性與感性

PART 3　科學精神與研究態度

PART 4 # 基因、密碼、演化

PART 5 生命的延續與互動

PART 1

吃喝玩樂的科學

生活中的一切，

都有可能發展成科學問題。

科學力也常常來自吃喝玩樂的生活中。

一起從科學家的視角，

看見與我們生活相關的多種科學樣貌。

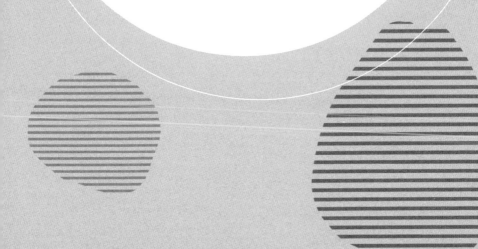

01 多情的柚子

果之美者，江浦之橘，雲夢之柚；然則橘柚，類雖
同而種則異。

——《呂氏春秋》

中秋節，吃月餅，吃柚子！我愛吃柚子。當年到美國留學的時候，沒有柚子吃，只有葡萄柚。葡萄柚比較酸，而且只能切開挖食，不能剝皮一瓣一瓣吃。

葡萄柚的英文是 grapefruit，它的名字為什麼有「葡萄」兩字呢？有一說法是它有葡萄味，我倒不覺得；另一說法是它的果實像葡萄一般成串掛在樹枝，也姑且聽之。

幾天前，有位學者朋友和我談起葡萄柚和柚子的不同，引起我對它們親緣關係的好奇。葡萄柚和柚子在分類上皆屬於柑橘屬。柑橘屬的種類繁多，彼此又很容易雜交，因此分類及名稱相當混亂，爭議不少。現在我們有了基因體學技術，可以從基因體序列客觀嚴謹地分析它們的親緣性，甚至推論它們演化分家的年代。

染色體序列的分析顯示，現有的柑橘屬都源自一個喜馬拉雅山東南麓區域的始祖，向外輻射擴張。我們平日吃的柑橘大都是從三

個野生種繁殖而來：枸櫞（*Citrus medica*）、橘（*C. reticulata*）與柚（*C. maxima*）。三者在不同區域演化：枸櫞在印尼北部，橘在越南、南中國、臺灣和日本，柚則在馬來西亞半島。其中基因體最純的是枸櫞，它自花授粉，而且花開前就完成授精，看不見和別種柑橘類雜交的跡象。

我們現在種植的柑橘都經過不同程度的育種，除了從種子的變異或芽變進行單系選種之外，還進行品系間的雜交。單系選種的基因體序列變化相當小，通常只有少數的突變。雜交則會發生大規模的基因洗牌，容易出現較大的變化。

柑橘大都有相對應的九對染色體，所以異種間的雜交很容易成功。柑橘類會在野外自然雜交，但是大多數的雜交還是人工進行，而且常常有多次的雜交（包括和親代的回交），造成很複雜的基因體內涵。雜交得到的新品種，學名中常插入「×」，以表示所謂「栽培品種」（cultivar），不是自然產生的物種，例如：葡萄柚的學名是 *Citrus × paradisi*。

葡萄柚是柚子和甜橙（*Citrus × sinensis*）的自然雜交種。葡萄柚的葉綠體DNA序列比較接近柚子，所以柚子應該是母親，因為被子植物的葉綠體基本上都來自母親。身為父親的甜橙本身又是柚子和橘的雜交產物，而且甜橙的葉綠體也來自柚子，所以柚子不但是葡萄柚的母親，也是葡萄柚的祖母，難怪葡萄柚的染色體中來自柚子的基因序列佔了63%之多。

整體而言，柚子的體型比其他柑橘類都大（它的學名意思就是

「大柑橘」），其他雜交種的果實大小通常會和所含柚子的基因成份成正比。葡萄柚攜帶那麼多柚子基因序列，果實就比其他的柚子雜交種大。

柚子的雜交後代還會和其他柑橘雜交，產生新的品種。例如甜橙（葡萄柚的父親）和橘雜交產生柑（*Citrus × tangerina*）；柑的葉綠體基因體屬於柚子型，所以甜橙是柑的母親，柚子是外祖母。此外，檸檬（*Citrus × limon*）是枸櫞和苦橙（*Citrus × aurantium*）的雜交種；苦橙又是柚子和橘的雜交種。

很多柑橘品種的基因體中都有柚子基因序列，顯示它們的祖先曾經和柚子雜交過。在柑橘的自然與人工雜交上，柚子顯然特別受歡迎、特別成功，得以到處傳播它的基因。

02 從大砲射出的食物

製造對我們有益的食物是我的本意。但是美味純粹
是意外。

——安德森（Alexander Anderson，美國植物學家）

　　小時候街頭上常見流動的爆米香車，攤販打開壓力爐（大砲）前會大叫：「要爆了！」然後砰的一聲，一大堆米香就從砲口洩溢出來。當年只是喜歡看這戲劇性的演出，以及吃那香甜脆的米香，沒有去想生米怎麼會爆出米香。

　　長大之後才知道其中道理：生米在密閉的大砲中加熱，空氣的膨脹加上米粒水份的蒸發而產生高壓（大於10個大氣壓）；當砲門瞬間釋放時，米粒中的蒸汽壓瞬間釋放，就爆開熟透的米粒。瞬間減壓是爆米香的關鍵，所以大砲的門栓都需用鐵鎚或扳手敲開，瞬間釋放壓力。

　　這奇特的爆米香技術是誰想出來的呢？在中國古時候有「炒米花」，但那是在鍋中用油炒爆熟米，和大砲爆出來的米香不一樣。爆米香需要特殊的工具和技巧，所以不太可能是意外的發現。

　　民間有傳說，爆米香的意外發現，是因為有人看見儲藏在竹筒

裡的米粒在高溫和高壓下爆開。但是竹筒能夠支撐足夠的壓力爆出米香嗎？我存疑。

　　西方倒是有明確的爆米香發明記錄：1901年，美國紐約植物園一位三十八歲的植物學家安德森在研究澱粉晶體，他進行實驗來測試德國植物學家邁爾（Henrich Mayr）所提出「澱粉粒核心有自由的小水粒存在」的假說。他把澱粉密封在試管中，放進烤箱裡加熱，直到澱粉開始焦黃，然後把試管拿出來，放進鐵絲籠裡用鐵鎚敲碎。結果有三個試管中的澱粉像散彈般炸開，第四管的澱粉則炸成多孔熟透的一坨。

　　安德森在顯微鏡下檢視，發現澱粉粒都爆破了。他異想天開地認為這技術或許可以應用在麵包製作上，說不定不用酵母菌或蘇打粉就可以發麵包。

　　過了幾天，他改用米粒取代澱粉測驗。這次的結果，他稱為是他「一輩子最驚訝的事情」。他本來也以為米粒會被炸得粉碎，沒想到從破試管中跳出來、撒遍地板的，是一顆顆完整、體積膨脹好幾倍的多孔顆粒。他丟入口中嚐嚐，發現米粒已經熟透，外脆內鬆，非常可口。

　　安德森接下來設計出可以加壓的金屬砲筒來取代玻璃試管，除了提高產量之外，還可以重複使用。他申請了專利，並且和桂格公司合夥生產米香（英文是 puffed rice），當做早餐的穀食，行銷全美，風靡一時，也讓「安德森教授」成為家喻戶曉的名字，說他發明了「從大砲射出的食物」。

米澱粉的主要的成份是很少分叉的直鏈澱粉和很多分叉的支鏈澱粉兩種分子。這些長鏈分子之間藉由氫鍵形成雙螺旋和單螺旋立體結構,層層包裹起來,形成堅固的半結晶顆粒。砲筒中的高溫和高壓使得米粒裡的澱粉分子之間的鍵結分開,反過來以氫鍵和水分子結合,使米粒在減壓下僅膨脹,並維持米粒形狀,不像硬殼玉米粒那樣爆成開花的「爆米花」。

支鏈澱粉分子比直鏈澱粉分子長很多,高達上千倍,在澱粉粒中的含量也多很多,因此在澱粉粒的結構與性質上扮演樞紐的地位。若植物缺少合成支鏈澱粉所需的澱粉分叉酶,澱粉粒就欠缺支鏈澱粉,發育出來的種子會變形。當年孟德爾研究的皺豌豆,科學家相信就是編碼澱粉分叉酶的基因發生了突變。

03 · 馬鈴薯和炒米粉的啟示

想像和發明手牽著手走。

——艾多涅圖（Alexandra Adornetto，澳大利亞演員及作家）

　　每天早晨起床，走進廚房第一件事就是打開咖啡機開關熱機，準備沖泡咖啡。這例行的晨間咖啡已經不知道有幾十年了，從最早的即溶咖啡粉、濾紙咖啡、法式浸泡咖啡、義式濃縮咖啡、冰滴咖啡，一直到現在的膠囊咖啡。這些不同的咖啡沖泡法，除了即溶咖啡之外，都使用到過濾技術，把咖啡裡的豆渣濾掉。可以做為過濾的介質有很多種，包括紙、布和金屬網等；過濾的方式也很多種，每一種過濾技術都有獨特的效果，吸引很多講究沖泡趣味和口味的粉絲。

　　過濾是非常古老、普遍的技術。廚房、工廠、自來水廠、衛生設備等，到處都用得到。過濾基本上就是用有孔洞的介質把混合物中較大的成份截留下來，讓小的穿過去。

　　小時候念書時讀到「濾過性病毒」（filterable virus），印象非常深刻，因為我們居然沒辦法用任何過濾器阻擋這些可怕的小傢伙。幸好現在的科技已經發展出可以過濾它們的濾紙，所以講起病

毒，早就沒有人再使用「濾過性」三個字了。

回想我擔任博士後研究員、進行噬菌體的蛋白質分離的時候，接觸到另類的過濾技術，叫做「凝膠過濾層析法」（gel filtration chromatography）。我把噬菌體感染細菌時產生的蛋白質，放入塞著凝膠粒的管柱中進行過濾。指導教授說，用那過濾技術，大分子會先流出來，小分子之後流出來。我還以為他說錯了，過濾不是大東西留在後頭，小東西比較容易流過嗎？

原來凝膠過濾和傳統過濾技術的原理很不一樣：傳統過濾用的介質（例如濾紙或濾網）是讓較小的分子容易流過去，較大的流得較慢；凝膠過濾用的是一顆顆的凝膠網小球，過濾時，較小的分子容易鑽入球網中，在裡面亂撞，不容易跑出來；較大的分子不容易進入球網中，甚至完全無法進入，所以很快從球體之間流過。凝膠過濾就這樣子分離大小不同的分子。

是誰想出這奇特的過濾原理呢？靈感來自1955年英國倫敦一個家庭的廚房。當時夏洛特女王醫院的研究員拉特（Grant Lathe）看到太太削馬鈴薯時割傷手指，鮮血滴在馬鈴薯澱粉上，血液裡的不同色素以不同的速度擴散出去。血液正好是拉特的研究題材，他一回到醫院的實驗室，就和同事魯瑟文（Colin Ruthven）一起研究這個現象，成功發展出凝膠過濾技術。

他們起初使用澱粉做為凝膠球，後來的科學家又陸續發展出三種更理想的介質：聚葡萄糖（dextran）、洋菜糖（agarose）和聚丙烯醯胺（polyacrylamide）。不同的介質可以做成不同網孔大小

的凝膠球，適合分離各種大小的分子。現在大家大都使用這三種介質做的凝膠球。

　　我偶爾下廚做菜。有一次炒米粉，發現體積小的胡椒、香料、小段蔥花都很容易拌進米粉堆裡，大塊的肉絲、蝦仁和香菇就比較難攪拌進去；起鍋把米粉舀到盤子的時候，留在後頭的也多是這些大塊的炒料；吃米粉的時候，盤子中留下來的也一樣。我突然想到：這不就是凝膠過濾的原理嗎？

　　老婆說我下廚的時候，廚房好像是我的實驗室。的確，廚房裡的每一樣東西都可以和科學扯上關係。下一篇就來和大家談談宮保雞丁的科學。

04 布丁與雞丁

食物的一切都是科學。唯一主觀的部份，是當你吃它的時候。

——小奧爾頓·布朗（Alton Brown Jr.，美國電視美食節目主持人）

小時候父親買了一臺日式烤箱，做起烤雞。父親烤雞前會先在雞皮抹上一層糖蜜，烤出酥脆焦香的外皮。我和哥哥都是他的忠實粉絲。烤雞出爐，還沒切盤，三人就撕下雞肉啃起來。那深褐色、熱呼呼的酥脆雞皮真好吃。

日後我才從化學知道：在高溫（140~165°C）之下，糖會和雞肉釋出的胺基酸發生梅納反應（Maillard reaction），形成數百種香氣分子。能進行反應的糖是攜帶有可擔任還原劑的醛基或羰基的「還原糖」，例如葡萄糖、果糖、乳糖、麥芽糖等。蔗糖沒有醛基或羰基，不是還原糖，但是遇熱很容易水解成葡萄糖與果糖，進而和胺基酸發生梅納反應。

雞皮上的糖分子除了會參與梅納反應，加熱到更高的溫度（>170°C）時還會脫水，再互相結合，形成無數的褐色聚合物

和香氣分子，包括具有奶油香的丁二酮。有了梅納反應和焦糖化（caramelization）的雙重加持，父親的烤雞真香！

　　烤雞之外，父親還會烤焦糖布丁。他先在鍋中加熱蔗糖，液化、濃縮並褐化之後，倒入布丁杯底部，讓它冷凝成一層焦糖，再倒入混好的蛋液，放進烤箱烤。焦糖接觸到牛奶中蛋白質的胺基酸也會發生梅納反應，所以布丁底部有焦糖的味道，又有梅納反應的味道，特別香醇誘人。

　　布丁蛋汁的處理還有一項物理學問。父親除了確定雞蛋和牛奶的比例正確，他還小心地進行「前處理」。雞蛋和牛奶如果從冰箱拿出來就直接加糖混勻拿去烤，烤出來的布丁裡面保證會出現很多討厭的氣泡。這是因為空氣在低溫的水中溶解度高，冰冷的雞蛋和牛奶含有相對高濃度的氣體分子，進入烤箱後溫度上升，溶解度下降，液體中溶解不了這麼多氣體分子，就形成氣泡；這就如同從冰箱拿出來的冰水，放在室溫中杯壁會慢慢出現氣泡；或者燒開水時，水還沒沸騰，鍋底和鍋壁會先出現氣泡，都是溶在水裡的氣體被趕了出來。所以父親從冰箱拿出雞蛋都先放著回溫，牛奶則先加熱趕掉裡面的空氣。混合牛奶、雞蛋和糖時，攪拌還得輕輕柔柔，避免又把空氣拌回去。

　　布丁在烤箱中的高溫下凝成固體，是由於雞蛋和牛奶中的蛋白質結構發生變化。一般的蛋白質是成串的胺基酸（多肽）依賴非共價鍵（氫鍵、離子鍵和疏水性等）的交互作用，摺疊成緊密的結構。在高溫下，熱能的激盪把多肽分子撐開成為細長的鏈子。這些

多肽鏈之間會透過弱鍵互相連結形成立體的網子，把水分子圈在裡面，讓整體凝成半固態狀。煎蛋或炒蛋沒有外加水，形成的凝膠比較硬；布丁的蛋汁加了牛奶，稀釋了蛋白質的濃度，凝成的膠體就比較柔軟滑嫩。

在父親的薰陶下，日後我和哥哥都會下廚做點東西。我喜歡做宮保雞丁，全家都很愛吃。宮保雞丁的特色是那些炒得焦黑的乾辣椒，伴著滑嫩鮮腴的雞丁，讓你滿口香辣猛勁。有一次我開始大火炒乾辣椒時，靈機一動，放入一小匙的砂糖，讓它焦糖化之後，再加入雞丁大火炒熟。這樣炒出來的宮保雞丁既有焦糖化，又有梅納反應，味道和香氣好得不得了。

這一道「陳家宮保雞丁」，也成為我傳給兒女的小撇步。

05 氣泡水，人愛，珊瑚不愛

我們無法解決一個疑問，而不創造出更多新的疑
問。

——普利斯特里（Joseph Priestley，英國化學家）

　　我喜歡氣泡水，它在口中產生叮刺的快感使我願意喝更多的
水，對身體是好的。我本來都是買瓶裝的氣泡水，後來我從前的學
生黃教授送我一部氣泡水機，讓我能自己製造氣泡水，除了省錢之
外，更好的是不再產生很多寶特瓶垃圾。

　　氣泡水機的原理很簡單，只是一套壓力閥的裝置，把壓縮在鋼
瓶中的二氧化碳注入冷水中。我第一次使用的時候，發現做出來的
氣泡水酸酸的。啊，那應該是二氧化碳和水結合成為的碳酸（CO_2
$+ H_2O \rightarrow H_2CO_3$）。大家常討論的「海洋酸化」不也就是這樣嗎？
然而以前喝瓶裝氣泡水時為什麼不覺得酸呢？我查看它們的成份標
籤，上頭寫著「天然礦泉水、天然碳酸氣（二氧化碳的別名）」。
天然礦泉水裡的礦物質應該會扮演酸鹼緩衝的作用。我用來製作氣
泡水的是逆滲透水，幾乎沒有礦物質，對酸鹼的變化沒有緩衝，所

以會有點酸。

二氧化碳在地球上屬於稀有氣體，約佔大氣體積的0.04%。但是這稀有氣體不可小覷，透過光合作用，它可是地球生物的主要碳源。被消耗掉的二氧化碳會透過動物呼吸、地質變化、有機物發酵、廢物腐朽或燃燒等作用回到大氣中。工業革命之後，人類大量焚燒煤炭、石油和天然氣，更不斷提高大氣中的二氧化碳濃度。這些增加的二氧化碳會被海水吸收，和氣泡水機的作用一樣，只是在一大氣壓和25℃氣溫下，二氧化碳的溶解度僅有每公升1.45克（體積相當於725毫升）；氣泡水機使用的二氧化碳是加壓的，氣閥的壓力有好幾個大氣壓，根據亨利定律（氣壓與溶解度成正比），二氧化碳的溶解度會提高好幾倍。

海水中的二氧化碳除了來自大氣，也來自魚類和其他動物的呼吸。在有陽光的水層，這些二氧化碳提供植物、藻類和某些細菌進行光合作用，生成碳水化合物。在有些不見天日、無法進行光合作用的海底深淵，海底熱泉的超高水壓和超高溫度也會使二氧化碳和水發生特殊反應，形成一些小分子的有機物，提供食物給這惡劣環境中的生物。

海洋中二氧化碳過多的問題是：小部份的二氧化碳會和水形成碳酸，其中有些碳酸會進一步解離成氫離子和碳酸氫根離子（$H_2CO_3 \rightarrow H^+ + HCO_3^-$）。氫離子除了降低酸鹼值之外，還會進一步把海水中的碳酸根離子轉變成碳酸氫根離子（$H^+ + CO_3^{2-} \rightarrow HCO_3^-$）。碳酸根離子主要來自海底的石灰岩和其他岩石，很多海洋生物

（例如珊瑚、甲殼類、浮游生物）都依賴它製造骨骼和外殼。海水中二氧化碳的增加，間接造成碳酸根離子的減少，就影響到這些海洋生物的正常發育。

用二氧化碳製造氣泡水，是十八世紀中葉在英國意外的發現，最早正式發表的是化學家普利斯特里，後人尊稱他為「汽水之父」。普利斯特里曾經發現過九種氣體（包括氧氣，但不包括二氧化碳）。他提出的氣泡水製造法是先把硫酸滴入白堊（主要成份為碳酸鈣）產生二氧化碳（$CaCO_3 + 2H^+ \rightarrow Ca^{2+} + H_2O + CO_2$），再把氣體攪拌入水中製成氣泡水。當時的英國工業革命剛起步，所以說當人類開始把二氧化碳灌入飲料時，也開始大量燒煤，把二氧化碳灌入海洋中。想到這，我就語塞了。

06 核酸惹禍

吃減肥食物的唯一時間，是當你在等牛排熟的時候。

——柴爾德（Julia Child，美國著名廚師及作家）

好友亞倫教授是一位在外品美食、在家煮佳餚的老饕。不過他近來收斂很多，因為他罹患了痛風，血液中的尿酸過高，關節和肌腱出現結石，引發嚴重發炎，發作起來疼痛極了。

我問亞倫要怎麼避免痛風發作？他說患者要少吃嘌呤濃度高的食物，因為尿酸是嘌呤的代謝產物；身體中尿酸過多的原因，除了來自嘌呤的代謝，與飲食也很有關係。哪些食物含有高嘌呤呢？亞倫舉出牛排、豬肝、腰花、香菇、魚子醬、啤酒等等。這些不都和美食有關嗎？難怪痛風在中古時代只有達官貴人才會罹患，所以有「國王病」或「富人病」之稱。

「高嘌呤」引起畢生研究DNA和RNA的我很高的興趣，因為食物中的嘌呤大部份都來自DNA和RNA的兩種雙環鹼基：腺嘌呤（adenine）和鳥糞嘌呤（guanine）。這兩種嘌呤會分解成黃嘌呤（xanthine）和次黃嘌呤（hypoxanthine），再分解成尿酸，最後從

尿液排出。天然食物都來自生物，都有DNA、RNA和嘌呤。嘌呤濃度高的食物不就是細胞數目多的食物嗎？我向同僚和醫生詢問，都得不到確切的答案。文獻也只是列出哪些食物的嘌呤高、哪些低，沒有提出道理。

經過一番探尋，我想我的推論是對的。動物的軟器官（例如肝臟、心臟和腦）裡細胞密度最高，嘌呤濃度也最高。反過來說，我們吃的雞蛋沒有受精過，只有一個卵細胞，所以幾乎沒有嘌呤。同樣的道理，牛奶沒有細胞，所以沒有嘌呤；不過加入微生物發酵成為優酪乳或乳酪後，嘌呤就出現了。啤酒也是發酵產品，含有很多來自酵母菌的嘌呤和尿酸（啤酒中的酒精還會抑制尿酸的代謝和排泄）。納豆是黃豆用枯草桿菌發酵的產物，食用時連同那黏稠的細菌一起吞，因此攝取的嘌呤濃度就提高兩倍以上。

植物的細胞密度一般較低，嘌呤的濃度也就比較低。但植物的生長點含有很多活躍的細胞，因此嘌呤濃度較高；難怪嫩葉、筍尖和菜芽的嘌呤濃度比成熟部份高出兩、三倍。水果的嘌呤濃度不高，因為主要成份是碳水化合物和纖維素，細胞數相對較少。

香菇，很多痛風患者提起它就變容，我覺得奇怪，香菇和其他菇類一樣都只是真菌啊。我查了一下，沒錯，新鮮香菇和其他菇類一樣，嘌呤濃度不很高。香菇經過乾燥後失去水份，嘌呤濃度才會飆高十幾倍。一般人應該都是被這超高的嘌呤濃度嚇到，其實香菇烹煮前泡水膨脹，嘌呤濃度便跟其他菇類差不多。

猿類之外的動物很少會痛風。牠們和大部份生物一樣，具有一

種尿酸氧化酶能把尿酸分解成尿囊素，進而分解排泄出去，所以牠們體內的尿酸濃度都不高。猿類也有尿酸氧化酶的基因，但是這個基因在演化中發生幾個突變，早已經壞掉了。沒有尿酸氧化酶的人類，血中的尿酸濃度是非猿類哺乳動物的五十倍以上。

猿類為什麼會如此演化？有一種說法是尿酸是很好的抗氧化劑；尿酸高可以幫助保護血管並降低罹癌機率。此外，在失去尿酸氧化酶的演化過程中，猿類也失去製造另一種抗氧化劑維生素C的能力，只能從飲食攝取，所以提高體內尿酸濃度或許可以補償維生素C的不足。這些說法並未獲得全面的贊同，因為尿酸高除了會形成痛風之外，還會增加腎結石、高血壓、糖尿病等風險。這就好像臺灣俚語說的「有一好，無兩好」吧。

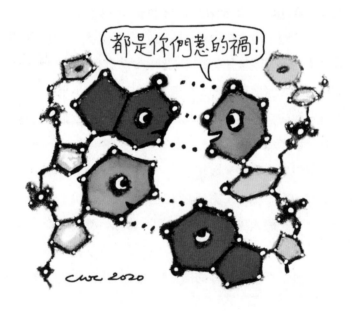

07 食人魚怕食魚人

早安，女士與先生們！咖啡和糕點準備好了。再
14分53秒，我們就坐小船去釣魚！

——老莫船長在擴音機宣佈

　　2014年，在巴西研究魚類的趙寧教授帶領我們一群朋友，搭老
莫船長的船進行十一天的亞馬遜河之旅。全程與外界隔離，手機和
金錢都無用武之地，每天最擔心的只是照相機的電池有沒有充飽。
一開始很不習慣，後來漸入狀況，全心投入大河和雨林生態，欣賞
棲息其中的神奇生物，像天空上的金剛鸚鵡、魚鷺、老鷹和蝙蝠，
以及河中的海豚、鱷魚和食人魚等。

　　原以為海豚只生活在海裡，但是我們在亞馬遜河中看見淡水的
品種。鱷魚是預期中的。面對大鱷魚，我們只能遠眺，小鱷魚則由
勇敢的船員摸黑偷抓了幾隻到船上給我們看（後來再放回去），手
臂長，不咬人。我們也非常期待看到食人魚。小時候在一部007電
影中，看到惡魔黨首領把人推到水池中餵食人魚，鮮血滿池，非常
恐怖。

　　有一天老莫船長宣佈要帶大家去釣食人魚，我們都非常興奮。

船長說電影太誇大牠們的殘暴，食人魚通常不吃人，反而是人在吃食人魚，我們如果釣到食人魚就可以加菜。沒錯，我們釣到的食人魚確實不可怕，除了那可怕的牙齒之外，看起來就像吳郭魚，吃起來也像吳郭魚，滿好吃的。後來在當地的魚市場也看到牠們。

我們搭小船釣魚，不用釣竿，每人手持一片捲著釣線的木板，釣線末端綁著鉛墜和魚鉤。魚餌似乎用什麼新鮮肉都可以，只要找到魚群就很容易釣到。我太太第一次釣到食人魚，劈劈啪啪在魚鉤上掙扎，嚇得她花容失色，拋掉漁具。我告訴她，其實那條魚比她更害怕。

食人魚的英文是Piranha。Pira出自巴西圖皮（Tupi）原住民的古語「魚」；後半部的字源就無定論。中文稱牠食人魚，太危言聳聽，很不恰當。食人魚其實相當膽小，牠們大都成群活動來壯膽並互相保護。牠們屬於鋸脂鯉科，雖然喜歡肉食，但也吃植物，所以歸類為雜食動物。至於食人魚攻擊人的傳聞，往往都是個人疏忽造成的偶發事件，沒有電影情節那麼駭人。

不過，食人魚的牙齒看起來的確很嚇人。上下兩顎各長一排刀鋒般的三角形牙齒，非常尖銳和密集；整排連鎖在一起，很像鋒利的鋸齒。強大的上下顎更幫助牠們咬斷獵物骨頭和撕裂食物，讓牠們可以吃下其他魚的所有部位，包括骨頭、鱗和鰭。

牙齒長期使用造成的磨損，使得牠們每過一段時間就得全部換掉。牠們換牙的方式很特別，左右兩側會分批替換，而且舊牙還沒掉，新牙就在舊牙下方的「地下室」長起來（用電腦斷層掃描標本

可以清楚看見），因此食人魚從來沒有無牙的空窗期，隨時都擁有完整的牙齒，令人羨慕。

　　食人魚牙齒常被原住民當做工具，用來切削頭髮、木頭和標槍等，或製成旅客的紀念品。我從吃剩的食人魚骨頭裡，保留幾組完整的牙齒，帶回臺灣；其中一組送給我的牙醫當模範牙組。

　　食人魚及很多魚類都屬於「多套齒」（polyphyodont），可以不限次數換牙。哺乳類的遠祖也是多套齒，但是後來很多（包括人類）演化成只有乳牙和永久牙的「雙套齒」（diphyodont），可能是因為當時這些動物都短命，多套齒沒太大好處。相當長壽的大象一生可以換到六次牙；壽命相當的現代人只能換一次，就不得不仰賴牙醫了。

08 竹蜻蜓不認識白努利

鳥要飛翔，只要有形狀正確的翅膀、正確的壓力，
和正確的角度。

——白努利（Daniel Bernoulli，瑞士物理學家及數學家）

　　記得小時候上課講到白努利定律，老師舉飛機為例。教科書上畫的機翼剖面（翼型）上層是弧線，下層是直線。當飛機往前行進的時候，氣流遇到機翼一分為二，流過上層、弧線較長，速度較快，產生的壓力比較低；流過翼型平坦的下層氣流速度較慢，產生的壓力較高。機翼承受的壓力上低下高，自然就得到上升的力。

　　後來在電影中看到有人駕駛飛機表演特技，把飛機翻過來倒著飛，心想這怎麼可能？白努利定律到哪裡去了？後來知道這些飛機的翼型是對稱的，上下兩面的形狀一樣，白努利原理無用武之地。

　　那這些飛機又怎麼飛起來呢？原來這些飛機都可以調整機翼，形成仰角，把迎面而來的氣流往下壓，根據牛頓力學的第三定律，氣流產生的反作用力會把機翼往上抬。所以這些飛機只依賴牛頓力學，不依賴白努利定律。這類翼型對稱的飛機容易翻過機身進行倒飛，特別適合用來表演特技。

小時候玩的竹蜻蜓也一樣。我們並沒有刻意把竹片上下削成不對稱的形狀，只把兩個竹片削成相對的仰角。當雙手用力搓轉竹蜻蜓的時候，竹片的仰角掃向空氣，獲得反作用力就可以飛起來。直升機可以說是竹蜻蜓的應用，不過有些直升機的槳葉也呈上下層不對稱，利用了白努利原理。直升機還有傾斜器可以改變整座槳葉的角度，往哪邊傾斜就會轉往哪邊飛，又好像竹蜻蜓，讓竹蜻蜓以前傾的角度起飛，它就會往前飛去，遠離我們。

　　有些物理老師教白努利定律時，會拿一張紙做示範：雙手抓住紙張的一邊，紙張往前平伸，但是前端因重力會自然垂下。老師在紙張上方往前吹氣，下垂的部份就抖動地飄浮起來。老師就說，這是因為快速流動的氣流在紙面上產生負壓。

　　好奇心重的學生會問：往紙張下面吹氣會如何？試著這樣做，你會發現紙張一樣也是抖動地飄浮起來。怎麼回事？違反白努利原理嗎？不是的，你看到的正是牛頓力學在發威，它的強度遠大於白努利定律。

　　我曾經在美國加州聖地牙哥做研究，那裡美麗的海邊和湖泊上到處可見浪漫的帆船。我和兩位實驗室同伴合資買了一艘二手單帆帆船玩。我還到社區大學上課，學習如何操控帆船。我學到了帆船不但能直接順風行駛，還可以用舵調整船向，讓風帆與風向形成適當的角度，就可以斜斜地逆風行駛。講師說，這歸功於白努利定律，吹飽風的帆就像垂直的機翼，迎面吹來的風在弧形的帆面滑過，獲得往前拉的負壓。這好像有道理，也有很多人認同，但是我

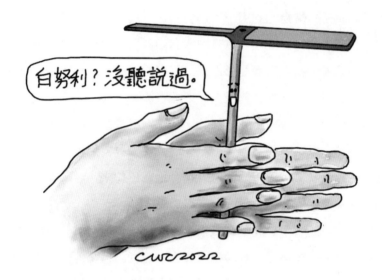

　　讀的有些帆船書和物理書都完全不提白努利原理，只著重於施在帆
上的風力產生的往前向量。

　　揚帆行船的理論和實際都不簡單。哪天找些竹子，教孫兒們
（這些現代小孩）製作竹蜻蜓吧。

09 轉啊轉，從撞球到地球

> 探索這個世界，只要你夠深入其中，幾乎所有的事
> 情都很有趣。
>
> ——費曼（Richard Feynman，美國物理學家）

　　小時候家住桃園，父親愛好撞球，在家裡擺了一張開崙撞球
檯。開崙撞球沒有袋子，只用母球撞擊子球，我在父親教導下學了
很多技巧和知識。初中到臺北上學後，同學帶我打用母球撞子球入
袋的斯諾克。這兩種撞球的規則和重點不同，開崙注重母球撞擊子
球後的走向，斯諾克注重子球被母球撞擊後的走向，高手必須兩者
兼顧，所以最終的境界都一樣。我有開崙的基礎，很快就在斯諾克
球檯上超越了同伴。

　　進入高中，我開始喜歡幾何和物理，而撞球不就是幾何和物理
的遊戲嗎？球碰撞檯邊（顆星）彈走的方向不就是入射角等於反射
角嗎？桌緣的星星刻度儼然就是幫助我預測球反彈走向的座標。用
桿頭撞擊母球不同位置（下塞），讓球旋轉、改變路徑和角度，也
是簡單的物理原理。

　　下一個領悟發生在我接觸「牛頓擺」之後。牛頓擺有五顆重量

和大小皆相同的鐵球，用細絲並排掛著，當你拉開最旁邊一顆鐵球，讓它盪回來撞擊其他四顆球，最遠端的一顆球會彈起，其他四顆球（包括盪回的那顆）不動。如果拉開兩顆來撞，彈起來就兩顆；拉三顆撞，就彈三顆。這是物理學的動量和能量守恆原理。

牛頓擺讓我產生一個疑惑：撞球的母球和子球大小重量都一樣，為什麼母球正面撞擊子球後，並不是每次都像牛頓擺那樣停下來，而會繼續前進？為何沒有遵守動量和能量守恆？

我過了很久才想通：牛頓擺的鐵球是懸空的，但撞球檯上的球與絨布有摩擦，球是轉動前進。母球往前運動時除了位移的動量和能量，還帶著「轉動慣量」。當它正面撞擊子球，位移的動量和能量會完全傳送到子球，彈開子球；轉動慣量卻幾乎無法傳送給子球，因為兩球的接觸面很光滑，幾乎沒摩擦。這保留的轉動慣量就使母球繼續前進。

有撞球經驗的人知道，有一種「定桿」技巧可讓母球撞擊子球後停住不動。定桿的打法是用桿頭撞擊母球下方，讓擊出的母球一邊往前滑動一邊倒著旋轉；檯面絨布的摩擦會漸漸降低倒轉的速度。如果母球擊中子球時倒轉剛好消失，母球就會像牛頓擺一樣停止運動。如果「下塞」夠強，母球碰撞後反轉仍持續，就會退回一段距離，這就是「拉桿」。

小學時爸媽曾買一雙四輪溜冰鞋給我，拜託鄰居女孩教我基本動作、倒退和旋轉的技巧。我只學會簡單的雙腳旋轉。當我看到花式溜冰選手或芭蕾舞者單腳旋轉，簡直歎為觀止，特別是極速旋

轉。他們一開始時雙手和一腳展開，然後把手腳收起貼身，旋轉速度就飛快起來。我當時只讚歎他們本事高強，沒有多想。後來才知道這也涉及轉動慣量，亦即物體轉動的速度和轉動慣量成反比。舞者旋轉時展開手腳，他的質量遠離軸心，轉動慣量高，速度就慢；當他收起手腳，質量拉近軸心，轉動慣量降低，轉速就加快了。

了解這現象後，我們就不難理解之前的一項報導：世界最大的水庫中國三峽大壩裝滿水時，水面高達海拔175公尺，總水量超過393億公噸；美國航太總署（NASA）計算，這蓄積的龐大水量會增加地球的轉動慣量，每天拖慢地球自轉6×10^{-8}秒。雖然我們毫無感覺，但誰想得到：人類竟然可以如此改變地球的轉動？

思考這些有趣現象背後的原理，不僅可以滿足求知欲；多方探索、自行融會貫通，更是樂趣無窮。若又能與讀者及同好分享，豈不妙哉。

10 適當的大小

不同動物之間最明顯的差異是大小的差異，但是不知道為什麼，動物學家都格外不注意它們。

——霍爾丹（J. B. S. Haldane，英國遺傳與演化學家）

恆星是龐大的星際分子雲在重力作用下塌縮而來，內部是氫融合反應。恆星的大小差異很大，而大小決定了它們的演化命運。當恆星的氫燃料耗盡後，太陽等級的小恆星其熱能不足以觸發進一步的氦核融合，重力位能耗盡，就形成紅巨星，然後是白矮星，理論上最後冷卻成死寂的黑矮星；更大的恆星會塌縮成高密度的中子星，或發生大爆炸成為超新星；再更大的恆星塌縮時甚至會因為重力持續增加，達到光無法脫離的地步，形成黑洞。這些事實顯示即使是相同材料，大物體不只是小物體的放大；大小的不同決定了它們的性質和命運。

地球上的生物也是一樣，它們的大小不是隨意形成，而是和演化息息相關。地球陸上最大的現生動物是非洲象。每次在科幻影片中看到比大象大十幾倍的巨無霸哺乳類（金剛）、爬行類（酷斯拉）或昆蟲（摩斯拉）在地球橫行肆虐，我就想到遺傳與演化學

家霍爾丹於1926年發表的文章〈論大小適當〉（*On Being the Right Size*）。

　　這篇文章談到巨大動物身軀面臨的支撐問題。霍爾丹用簡單的數學說明：假設動物形狀不變，如果長度增到2倍，體重會增加到8（2^3）倍，但是肌肉截面積只增加到4（2^2）倍，於是肌肉的截面積要承受2倍的壓力。以2017年的電影《金剛》為例子：牠的身高（30公尺）大約是我的17倍，所以體重大約是我的4913倍，但是牠的肌肉截面積只有我的289倍，也就是說牠的肌肉要承受的壓力是我的17倍，早就被自己的體重壓扁，哪能奔跑跳躍？

　　這也是為什麼只有幾公分長的沫蟬可以跳達70公分（約身體高的100倍），而人類連自己身高的1.5倍都無法跳過。大象別說跳躍，跑的時候甚至無法四腳同時離地。

　　除了肌肉截面積，身體表面積也沒有和體積成正比增減。圓球的表面積與體積的比值（比表面積）和半徑成反比。也就是說圓球的體積每增加1倍，比表面積就減少1倍。對於需要呼吸的動物，這是個切身的問題。小昆蟲的比表面積大，氧氣經由擴散作用和簡單的氣管，可直接滲透到體內各處；大動物就無法這樣了，必須發展出特殊的器官（例如肺和循環系統）用血液運送氧到體內各處。反過來，小動物比表面積大的問題是熱量和水份喪失得快，所以老鼠不停進食，每天要攝取體重15%的食物和15%的水。

　　我做過一個實驗：淋浴後秤重，發現體重增加了0.2公斤。以我的個子，皮膚表面積大約2平方公尺，這表示附著在皮膚上的水

層平均0.1公分厚。假如這發生在一隻0.2公分長的小蟲身上，牠淋溼後附著的水層應該還是差不多0.1公分厚；那是牠體重的7倍。牠擺脫不了這「水滴」的黏性，就會溺死。所以對小昆蟲來說，喝水是有生命危險的行為，有些小昆蟲就發展出長長的口器來安全地喝水。

這些例子顯示了生物身軀的大小差異，不只造成「量」變，也帶來「質」變。恆星的演化沒有天擇，只有註定的命運。生物的演化有天擇，現存的生物都是根據它們的大小，發展出適應其體型的結構和生理；也可以反過來說，它們是演化成最適當的大小。金剛如果曾經出現在地球，牠早就滅絕了。

物理和數學都是現代科學的根本，不要讓它們孤立，要讓它們滲入生物學的領域。

11 馬蹄下的統計學

正確問題的大致答案比大致問題的正確答案有價值
得多。

——圖基（John Tukey，美國統計學家）

卜瓦松分佈（Poisson distribution，又譯帕松分佈）是我分子
生物學研究生涯中，處理實驗數據時最常用、也最喜歡用的統計工
具。它是二項分佈處理罕見事件的特殊情形，亦即樣本的數目趨向
無窮大，事件發生的機率趨向無窮小。在這情況下，二項分佈就可
簡化成卜瓦松分佈 $P_n = m^n \times e^{-m}/n!$（$e$ 是自然常數）。當事件發生的
平均值（期望值）是 m 次時，發生 n 次的機率（P_n）可以用這公式
算出來。把卜瓦松分佈用在樣本很多和機率很小的事件，雖然得到
的結果只是近似值，但還是很方便。它只有 m 和 n 兩個變數，不像
二項分佈有三個變數。

卜瓦松分佈是1837年法國數學家卜瓦松（Siméon Poisson）在
他所著的《司法機率的研究》書中首先提出，但是後來似乎就淡
忘，一直到1898年俄國的波特齊耶維契（Ladislaus Bortkiewicz）
出版專書討論，並且實際運用它。波特齊耶維契用卜瓦松分佈分析

二十年間普魯士軍隊十四個軍團每年被馬意外踢死士兵的統計資料。他算出每軍團每年平均發生的次數是0.7（m），他把這平均數帶入卜瓦松分佈，計算出每年期望發生0，1，2...（n）次事件的軍團的分佈，結果很吻合實際的統計數字。1943年分子生物學的啟蒙期間，盧瑞亞（Salvador Luria）和戴爾布魯克（Max Delbrück）發表了一篇重要論文，顯示細菌和動植物一樣有基因，也會突變。他們在試管中分批培養細菌，再用噬菌體感染，結果各試管中出現抗噬菌體的菌株數目差異很大，從零到數百株，顯然這些細菌在各試管中繁殖的過程中就發生突變，早發生的就繁殖到數百突變株；晚發生的就只繁殖到幾株；沒發生的就零株。顯然抗性不是細菌接觸到噬菌體才發生的適應；如果是的話，各試管出現抗性株的數目應該差不多。

戴爾布魯克在撰寫論文時注意到，沒有出現抗性株突變的試管不就相當於卜瓦松分佈的$n=0$嗎？當$n=0$，$P_0=(m^0 \times e^{-m})/0!=e^{-m}$。他計數87根試管中有29根沒有抗性株出現，所以$P_0=0.33$。他藉此計算出$m=-ln(0.33)=1.1$，也就是每根試管中的細菌平均發生了1.1次突變。戴爾布魯克再根據試管中繁殖的細菌數目，算出抗性突變的速率。

這個插曲凸顯出物理學家戴爾布魯克的數學涵養深厚，能夠在實驗數據中發掘出醫生出身的盧瑞亞所忽略的奧祕。卜瓦松分佈從此成為分子生物學論文的常客。分子生物學常常處理族群很大，但是發生機率很低的事件，例如基因的突變和重組、病毒感染、神經

元激發、放射性衰退，都適用卜瓦松分佈來分析。

卜瓦松分佈有一個很方便的特徵：它的平均值就是變異數，再開平方就是標準差。我攻讀博士時，曾用閃爍計數儀測量DNA樣本的放射線，一分鐘測量到四次游離事件。依照卜瓦松分佈，標準差是兩次、變異係數50%，太大了。指導教授就教我測量100分鐘，得到412次，卜瓦松分佈估計的標準差是20.3次，變異係數降到可接受的5%以下。那是我首次接觸卜瓦松分佈。

不要只在教科書上讀卜瓦松分佈。每月發票中獎的次數、網站每小時訪客人次等都用得上。實際生活中探索它的本事，會結交一位「0.37」的數字熟友。

12 懸在半空中的水

愛因斯坦的重力理論取代了牛頓的理論，但是那時候蘋果並沒有把自己懸在半空中等待結果。

——古爾德（Stephen Jay Gould，美國演化學家）

當年我的博士研究需要用離心機分離不同大小的DNA分子，離心之後，較大的DNA分子在離心管中沉降得較低、較小的較高。我將離心管取出，在下面穿個洞，DNA分子就依照大小順序流出來。為了要能等體積收集這些樣品，指導教授給我一個玻璃虹吸器。它有一個ㄇ形管子，一長一短的「腳」，短腳連到承接樣本的「杯子」（如插圖中所示）。離心管中的樣本滴入杯子後，先流入短腳、再進入長腳，等長腳中的液體注滿，虹吸就會啟動，所有的液體從長腳流出，讓下面的試管承接。這樣子一再重複，樣品就會等體積一一分到各個試管中。

後來我發現這巧妙的設計，幾百年前就出現在歐洲的畢達哥拉斯杯和中國的九龍杯。這種杯子只要不斟太滿，就與平常的杯子無異；若斟太滿，液體就會因為虹吸現象從底孔流掉，所以九龍杯又稱戒貪杯。還有，現代的抽水馬桶也是同樣的原理。

小學的自然課就教過虹吸。它是處於較高位置的流體，經過ㄇ形的管子，先在短腳中往上爬升，然後在長腳中往下流到位置較低的出口。令人驚奇的是流體在短腳會往上流，好像違反重力原理。記得課本說那是大氣壓力推動的。最近我拿這個問題問同年齡層的朋友，他們也回答說是大氣壓力。

　　仔細想想，不太對啊。短腳入口和長腳出口都有大氣壓力，如果要說有差異，後者還比較大一絲絲，因為位置比較低。我開始動手查詢，發現這個問題已經爭論超過一個世紀，而且似乎還沒有止息。

　　最有新聞性的是2010年澳洲昆士蘭大學數學與物理系的休斯（Stephen Hughes）發表在《物理教育》的文章。那時候澳洲為了提高波尼湖的水位，用十八支內徑20公分的大虹吸管，從錢伯斯溪引水，在五十天內導入10億升的水（我的虹吸收集器每次送出的液體不到一毫升）。這巨無霸的虹吸器引起休斯的興趣。他查看世界權威的《牛津英文字典》，發現上頭說虹吸是大氣壓力引起的。休斯說《牛津英文字典》錯了，而且從1911年的版本起錯了九十九年。他說虹吸在真空也可以進行，所以可以排除大氣壓力的因素，重力才是虹吸的拉扯力量。虹吸發生是因為長腳中流體的重力大於短腳中流體的重力，造成虹吸管頂部的負壓力，帶動短腳中的流體上升。過程中還要依賴液體的內聚力，讓虹吸管中的液體像一條鏈子般拉扯運動。

　　這爭論沒有就此定案，接下來還有很多議論。例如：有人發現

虹吸管的水流中如果有一小段氣泡，虹吸仍然可以進行；虹吸管中的水若有一段是噴泉式的，運動也可以進行；更有人發現虹吸管也可以運送氣體，例如密度是空氣 1.5 倍的二氧化碳。這些都顯示液體內聚力的模型有問題，至少它不是必要的。

氣壓和流體內聚力都可以在特殊情形下省略，唯一不可或缺的條件好像就是重力，很難想像虹吸可以在無重力下進行。我原以為這樣就可以定案，但是後來又看到太空人利用虹吸管入口與出口接觸的容器弧度不同，造成毛細作用的差異，讓水在無重力下也能進行虹吸。

這樣的爭論紛紛，越想越頭大。如果虹吸原理出現在考試題目，考生會不會也「懸在半空中」？

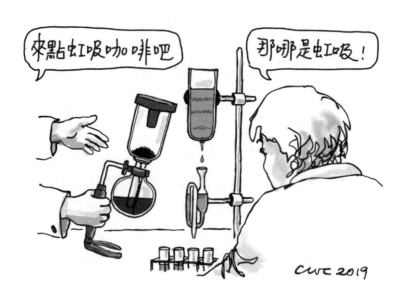

PART 2

科學家的理性與感性

科學研究有嚴格周延的定律和邏輯規範，

沒有任性的空間；

但是對藝術而言，定律和邏輯都不重要，

沒有對或錯，

你可以天馬行空，創造任何技法、風格和內容，

只要你喜歡。

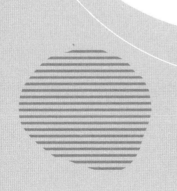

13 科學之道必有挫折

我發現我恐怕要宣佈完全放棄我的雜交實驗,這是
因為我自己的粗心。

——孟德爾寫給納吉里(Carl von Nägeli)的信

1865年,孟德爾在布爾諾自然史學會演講,報告八年來的豌豆雜交研究;隔年,他在期刊上發表他的經典論文。他希望自己的理論能被廣泛接受,所以訂了四十份抽印本,寄給當代歐洲有名的生物學家,包括植物學權威納吉里。在給納吉里的信中,他寫道:「我知道我得到的結果不容易和我們當代的科學知識相容,在這情況下發表這一項獨立的實驗更加倍危險;對實驗者危險,對他所代表的立場也危險。所以我盡我所能,用其他植物來印證從豌豆得到的結果。」

他告訴納吉里,他選了水楊梅、薊和山柳菊三種植物進行新的實驗。三者都和豌豆很不一樣,都是其他植物學家在研究的對象。德國植物學家格特納(Karl von Gärtner)在1838年就發表過水楊梅的成果,但是孟德爾無法再現格特納的結果。薊和山柳菊都屬於菊科,有小花群集形成的「聚生花」,肉眼很難去勢(剪掉雄蕊),

通常要借助放大鏡。薊有尖刺，而且幼苗微小易失，孟德爾最後也放棄了薊，專心研究山柳菊七年之久（1866~1873年）。

山柳菊是當時很多植物學家（特別是納吉里）的研究寵兒。它體型小、生命週期短、容易操作（不需要戴手套）。山柳菊雌雄同花，孟德爾把小花去勢後，再進行雜交，得到的結果和豌豆很不一樣。我們現在已經知道，這問題出在山柳菊通常進行無性生殖。孟德爾所觀察到的子代植株，很多都是小花進行無性生殖而來，不是有性生殖的後代，但孟德爾不知道。他懷疑是自己技術不好，而最重要的是，這些結果顯示山柳菊的遺傳方式和豌豆不同。

1869年，孟德爾發表了第二篇遺傳學論文〈論人工授精獲得的山柳菊雜種〉。在這篇論文中，他寫道：「在所有的例子中，豌豆用兩個品種交配得到的雜種，都是一樣的形態，但是它們的下一代反過來有變化，並遵循特定的規律。根據目前的實驗，山柳菊的結果似乎剛好相反。」

隔年，他在寫信給納吉里的信中說：「到了這個地步，我不得不說，和豌豆雜種比較起來，山柳菊的雜種顯現幾乎相反的行為。顯然我們這裡遭遇到的只是單獨的現象，它們出於一個更高層、更基本的法則。」

孟德爾期待有一個原理，可以把豌豆和山柳菊的矛盾結果統一起來。他在這篇論文中說，希望隔年可以發表更進一步的結果，但是直到他過世（1884年），這第三篇論文從未出現。

到了二十世紀初，三位生物學家「重新發現」孟德爾遺傳原

理，植物具有至少兩種不同遺傳原理的觀念（豌豆型和山柳菊型）還一直維持著。山柳菊的無性生殖，要到1904年才由丹麥植物學家奧斯坦費德（Carl Ostenfeld）發現，大家才明白是山柳菊特別的生殖方式誤導了孟德爾，讓他做出錯誤的結論和詮釋。

　　現今大多數老師和學生都不知道孟德爾還有第二篇論文，教科書通常不提，應該是為了簡化歷史的陳述。對於一般學生，這是合適的做法，但是對有志於科學的學生，知道這第二篇論文的存在是重要的。他們應該要知道：建立科學原理所經過的路途，很少像教科書上呈現的那樣順利，而是坎坷曲折、經過重重考驗，才能走上康莊大道。挫折和歧途是常見的，也是意志的考驗和學習的良機。這是對科學之道的重要認知。

14 鴿房中的鄉紳與花園裡的修士

我深深後悔沒有深入學習，至少能夠理解一些重要
的數學原理，因為擁有這種本事的人似乎多具一層
意識。

——達爾文（Charles Darwin，英國博物學家）

1865年，四十三歲的孟德爾在奧地利的布爾諾自然史學會宣讀豌豆遺傳的論文。那年達爾文五十六歲，他寫的《物種起源》（Origin of Species）已經出版六年了。兩人未曾見面，也沒有通信。孟德爾很清楚達爾文的演化論，反過來，達爾文對孟德爾的研究似乎完全不知道。他龐大的著作中沒有出現過孟德爾的名字。

孟德爾曾經去過倫敦，不過沒有任何記錄顯示他見過達爾文。如果他們見了面，他們有很多育種經驗和想法可以交流。是的，達爾文也做了很多育種實驗和觀察，目的是研究物種的變異，因為變異是演化的要素。他觀察的動植物在種類和數目上都遠超過孟德爾。他觀察的豌豆品種和特徵也比孟德爾還多。1868年他發表兩巨冊的《馴養下的動物與植物之變異》（*The Variation of Animals and Plants under Domestication*），綜合十三年龐大的成果，但是

沒有分析出遺傳道理。相對地，孟德爾做了八年豌豆雜交實驗，就導出遺傳學的基本原理。

我想，假如他們兩人見了面，他們溝通會有很大的障礙。語言上，孟德爾不會英文；達爾文的德文很差，他兒子說他的德文都是用字典學的，可見用德文做深度溝通會有很大的障礙。即使有人居中翻譯，他們的科學對話也會很困難，因為兩人的學識背景差別很大。孟德爾的科學訓練是硬性的物理和數學，在維也納的皇家帝國大學受教於當代有名的物理學家和數學家，包括以統計學和排列組合聞名的艾丁斯豪森（Andreas von Ettingshausen）。達爾文的科學訓練是軟性的自然史，從事大自然的觀察、分析和歸納。他數學很差。他承認說最簡單的代數對他都很難。

孟德爾用純種的圓豆株和皺豆株交配，所得到的第一代子代（F1）都是圓豆，沒有皺豆。他用顯隱性的觀念來解釋，說F1是雜種，從雙親各繼承一個圓豆和一個皺豆的特徵；圓豆的特徵是顯性，會蓋過隱性的皺豆特徵，所以F1都是圓豆。

讓F1自交得到的下一代（F2），皺豆的特徵才又出現，佔總數的1/4；其他的3/4是圓豆。這「圓：皺 = 3：1」的比例，教科書都用「龐氏方格」的方式解釋，那是後來英國的遺傳學家龐尼特（Reginald Punnett）開創使用的。孟德爾用的是組合方程式：$\frac{A}{A} + \frac{A}{a} + \frac{a}{A} + \frac{a}{a} = A + 2Aa + a$

大寫的A和小寫的a分別代表顯性和隱性特徵。左邊列的是F1（Aa雜種）自交後產生的四種可能組合，分號上下列的是卵子

和花粉分別攜帶的特徵。$\frac{A}{A}$ 和 $\frac{a}{a}$ 是純種，$\frac{A}{a}$ 和 $\frac{a}{A}$ 都是雜種。右邊列的是實際觀察到的三種F1。A代表純種的圓豆（現代表示法：AA），Aa代表雜種，a代表純種的皺豆（現代的表示法：aa）。A和Aa的外形都是圓豆，無法區別。孟德爾讓它們各自自交，發現其中1/3產生的子代都是圓豆（A），另外2/3的子代則圓皺都有（Aa）。這樣一來，原來的3：1就變成1：2：1，也就是方程式右邊的係數列。

就這樣，孟德爾用定量分析完整詮釋所有豌豆的雜交數據。他將成果發表在學會會報那年（1866），達爾文也發表金魚草雜交實驗，其中F2的顯隱性特徵出現2.4：1比例，接近3：1。後來的櫻草雜交，F2也出現3：1。而這些數據，達爾文都未嘗試推論分析。

達爾文的數學如果那麼差，孟德爾真的見到他的時候，可要費盡心力教導他。以達爾文的溫和個性，應該會虛心受教，這樣子的話，歷史可能就很不一樣。

少年的，你在寫什麼？我看嘸。

老先生，這是新數學啦！

15 達爾文的椎心之痛

大自然用最明確的方式告訴我們，她厭惡反覆的自體受精。

——達爾文（英國博物學家）

達爾文為了支持演化論中物種變異的理論，進行了很多動植物雜交研究。在這些研究中，他發現近親交配會生出比較弱小或不育的子代。他在《馴養下的動物與植物之變異》書中就有一章〈論雜交的好效果與近親交配的壞效果〉，分析了很多他人的經驗和自己大約十年來的實驗結果。他提出：「我們從高等動物得到的任何結論，應該可以適用在人類。」他想到自己的情況，因為他的家族中就有很多血親婚姻。

那個時代，血親婚姻在英國相當普遍，特別是像達爾文家和他們的親家維奇伍德（Wedgwood）這樣的望族。達爾文娶了表姊艾瑪（Emma），他的外祖父母也是表親結婚，妹妹卡洛琳則嫁給艾瑪的哥哥（艾瑪有兩位兄弟姐妹也是血親結婚）。達爾文的外祖父母、母親、太太和妹夫都是維奇伍德家人。

達爾文一生多病，他的小孩們也多病。十個子女中有三個在十

歲前就夭折，存活的兒女中有三人婚後沒有生育後代。當他的第二和第三個小孩連續夭折之後，他在給朋友的信中表示擔心這是他血親婚姻的後果。他也寫信給英國國會，呼籲政府調查堂表親結婚的普遍程度以及他們子女的狀況。他希望釐清血親婚姻是否導致多病的子女，但是國會沒有接受。

達爾文發表《馴養下的動物與植物之變異》時，孟德爾的豌豆遺傳原理已經出版兩年。達爾文顯然不知道，否則他或許可以從中悟出道理。現在我們知道人有兩套染色體，一套來自母親，一套來自父親。這些染色體上有些基因會有不良突變，這些突變大都是隱性的，必須兩條染色體都攜帶這個突變才會發生作用，不太可能發生在一般非血親的婚姻中。血親婚姻的夫婦攜帶同樣隱性壞基因的機率較高，因此比較容易生出具有遺傳缺陷的子女。

2015年，美國芝加哥大學和哥倫比亞大學的研究估計，人類每人平均攜帶1~2個隱性的致死基因。假設祖父有一條染色體攜帶一個隱性致死突變m，另一條同源染色體攜帶好的M，他把m遺傳給兒女的機率是1/2，再遺傳給孫兒女的機率是1/4。如果這第三代堂表兄妹婚配生育，他們的子女從父親或母親得到m的機率是1/8；從父親和母親都繼承到m的機率就是 $1/8 \times 1/8 = 1/64 = 0.016$。如果祖父攜帶兩個隱性致死基因m與n，那麼堂表親生育的子女同時得到任何一對（m或n）的機率是〔$1-(1-1/64)(1-1/64)$〕$= 0.031$。這些機率和澳洲醫學遺傳學家畢托斯（Alan Bittles）在《血親通婚說清楚》（*Consanguinity in Context*）書中所

提的差不多。這個機率或許不算高，但是如果家族中或家族間在不同世代發生多次血親結婚（例如達爾文家和維奇伍德家），那麼壞的隱性突變一直在家族中流傳，後代出現遺傳缺陷的機會就大增。

　　和達爾文同時代的維多利亞女王，她本人與其後代也有很多血親婚姻，出現很多血友病患者。有些人以此說明血親婚姻的弊害，這是錯誤的，因為血友病是X染色體上的隱性突變。男人只有一條X染色體（來自母親），只要繼承到它就會發病；女人有兩條X染色體，兩條都攜帶它才會發病。但維多利亞女王的後代出現血友病的都是男性，沒有女性，這表示突變基因都來自母親，和父親無關。所以，血友病不能用來說明這個家族血親婚姻的遺傳病。英國女王伊莉莎白二世和夫婿菲利普親王都是維多利亞女王的玄孫輩，也是（遠房）血親通婚，幸好兩人和後代都沒遺傳到血友病。

16 功課與功名

要嘛寫出一些值得閱讀的東西，不然就做些值得寫
下來的事情。

——富蘭克林（Benjamin Franklin，美國博物學家及開國元勳）

在DNA操縱技術成熟之前，基因在染色體上排列的位置只能
間接依賴數學分析訂定。發展這抽象的基因定位技術的，是美國哥
倫比亞大學19歲的大三學生史特蒂凡特（Alfred Sturtevant）。

史特蒂凡特在阿拉巴馬州的農場長大，他是六個孩子中的老
么。1908年，他在大哥資助下進入哥倫比亞大學，隔年上了摩根
（Thomas Morgan）教授代課的普通動物學，深受摩根的研究熱忱
感動，決定要跟他做研究。在大哥鼓勵下，才華橫溢的史特蒂凡特
用自修的孟德爾遺傳學，分析在農場觀察的馬匹毛色遺傳，寫成一
份報告給摩根看。摩根很喜歡，協助他發表論文（1910年），並
讓史特蒂凡特到他的「蠅房」做果蠅研究。

那時候摩根才剛發現第一隻突變果蠅。野生果蠅的眼睛是紅
色，這突變種的眼睛是白色。摩根發現這白眼突變以及接續發現的
幾個突變都位在性染色體（X）上，而且都違反孟德爾在豌豆雜交

實驗觀察到的「獨立分配」，反而顯現「聯鎖」的現象，也就是說這些突變通常一起傳遞到下一代。例如雌蠅的兩條 X 染色體分別攜帶 AB 和 ab 兩對因子，當它們在減數分裂過程中分配到卵子時，大部份的 X 染色體會攜帶 AB 或 ab，很少攜帶 Ab 或 aB。後者的出現稱為「重組」，新組合出現的頻率稱為「重組頻率」。不同因子對之間的重組頻率不一樣，有高有低。摩根正確地推論，重組是由於攜帶這些因子的同源染色體之間發生了交換；X 染色體的交換發生在 A/a 和 B/b 之間，就會產生 Ab 和 aB 的新組合。

1911 年的秋天某日，史特蒂凡特和摩根實驗室的人討論一篇兔毛顏色遺傳的論文，突然得到一個靈感：或許基因間重組頻率的高低是反映它們之間的距離。他回去之後，拋開功課不做，花了整個晚上的時間分析 X 染色體上的五個突變，根據它們之間重組的頻率，將它們排列在一條直線地圖，突變之間的距離都符合它們之間的重組頻率。這是人類有史以來第一幅遺傳地圖。第二天摩根看了很驚喜，鼓勵他完成這項研究。

兩年後，已是研究生的史特蒂凡特把擴大的遺傳地圖加上嚴謹的實驗證據，發表於《實驗動物學期刊》。隔年他取得博士學位，日後持續研究遺傳學長達五十多年。這期間他的基因定位技術成為遺傳學的重要支柱。

史特蒂凡特的這篇經典論文，作者只有他一人，沒有摩根。在現代人的眼光中相當不可思議，但當時的觀念是，如果論文的點子不是來自老師，老師常不掛名。史上最顯著的例子是 1953 年華生

（James Watson）和克里克（Francis Crick）的DNA雙螺旋，以及1958年梅塞爾森（Matthew Meselson）和史塔爾（Frank Stahl）的DNA半保留複製論文。這四位年輕人當時都在指導教授門下進行其他研究，自己私下做這些課題，最後發表的論文就只有他們的名字。1976年，我發表一篇博士研究論文，也是單獨掛名，因為我的老師漢斯‧布瑞摩爾（Hans Bremer）認為該研究策略是我的主意。

　　或許那個時期學術界的風氣比較理想化，不像現在學者那麼計較論文掛名的次數。或許現在的研究人口龐大，設備和耗材昂貴，經費競爭激烈，論文的篇數變成重要的指標。實驗室「老闆」都不再謙讓，甚至有過份超越科學研究倫理的行為，像摩根和布瑞摩爾這樣的老闆幾乎絕跡了。

17 基因的弔詭與物理學家的浪漫

你要做的不是看見從來沒看見的，而是從每日看見
的想到從來沒想到的。

—— 薛丁格（Erwin Schrödinger，量子物理學家）

談起遺傳學，當我告訴別人孟德爾是物理學家，大部份的人都
很訝異，反問我說孟德爾不是生物學家嗎？我告訴他們，孟德爾在
中學教過物理，也在維也納皇家帝國大學攻讀物理學。事實上，他
如果沒有物理學家的數學根柢，就不會從豌豆實驗數據中的數學關
係推論出遺傳原理。

進入二十世紀後，孟德爾遺傳學說開始被發揚光大，但都還是
停留在數學定量分析。基因，只知道它存在於染色體；它是什麼樣
子都不清楚，也不知道如何研究。要等到下一波革命才將遺傳學帶
入細胞中，在分子層次研究基因。領導這場分子生物學革命的也
是一群物理學家，始作俑者是德國量子物理學家戴爾布魯克（Max
Delbrück）。

1935年，戴爾布魯克和兩位合作者發表了一篇有關X射線誘
導果蠅突變的論文，他們研究發現X射線離子化範圍大約300立方

埃（Å = 10^{-10}公尺）就足以造成突變。這樣的體積涵蓋大約1000個原子。戴爾布魯克的結論是：基因是單一的分子；突變是基因分子從一種穩定狀態「跳」到另一種穩定狀態。這篇論文發表在非常冷門、幾乎沒人注意的期刊，但是七年後，它的一份抽印本輾轉傳到客居愛爾蘭都柏林的量子力學大師薛丁格手中。薛丁格根據這篇論文的論點，在三一學院發表一系列演講，從物理學的角度討論基因；隔年集結為一本書《生命是什麼？》（*What Is Life?*）。

薛丁格從物理學的角度覺得基因的本質似乎存在深奧的弔詭。它雖然像是單分子，但是非常穩定，所以他引用「非週期性晶體」（aperiodic crystal）這名詞形容基因。「晶體」是穩定的（參閱第50篇），但基因晶體卻是「非週期性的」，才能具有遺傳資訊的變化性。他更提議基因中有以類似摩斯密碼的系統編寫的「遺傳密碼文」。這個密碼的假設在日後的DNA雙螺旋中得到印證。

薛丁格說：「從戴爾布魯克對遺傳物質的描述，可以看出生物體一方面沒有違背目前已確定的『物理學定律』，還可能涉及目前尚未知道的『其他物理學定律』。」這浪漫的預言吸引了戰後很多科學家（特別是物理學家）投入基因研究，包括日後發現DNA雙螺旋的華生和克里克。

這時候的戴爾布魯克已經遷居美國，展開分子生物學的研究，提倡用細菌和噬菌體（感染細菌的病毒）研究遺傳學。他漸漸成為這新領域的領袖。在接下來將近四十年中，分子生物學家很快揭開基因的神祕面紗。在這面紗下，沒有真正的弔詭。基因的結構和功

能都可以用物理和化學原理解釋，沒有新定律的必要。物理學家尋找新定律的夢想破滅了，但是完整的分子遺傳因此建立起來，更進一步帶來生物科技的革命。此外，現代快速的DNA定序技術解出了大量的基因體序列，動輒長達數十億鹼基對。新興的電算和資訊科學正好派上用場，展開了另一場跨領域的科學革命。

　　反顧生命演化最頂端的大腦資訊系統的研究，我們面臨無法超越的瓶頸已經好幾個世紀。來自各方面的跨領域努力都不能突破。我們還在等待腦科學界的孟德爾。

18 雋永的克里克

法蘭西斯（克里克）不只本身是一位偉大的科學家，也是他人的重要催化劑。他總是願意傾聽，有興趣，並幫助他人找到自己的解答。

——布藍納（Sydney Brenner，南非分子生物學家）

「也許有人會問我這樣的私人問題：我對整個事件發生的經過滿意嗎？我只能如此回答：低潮也好，高潮也好，我享受每一刻時光。」二十世紀最偉大的生物學家克里克，在描述發現DNA雙螺旋的自傳《瘋狂的追尋》（*The Mad Pursuit*）中，以上面的話做為結語。克里克於2004年過世，享年八十八歲。如果我們能問他對於自己一生的感想，大概也會得到類似上述的答案。

1930年代，一群物理學家在量子力學家戴爾布魯克領導之下，挾著數理訓練，從遺傳學的角度切入生物學世界。這群物理學家（包括克里克）認為細胞中的生命現象沒有什麼是神祕不可知的，一切都可以用物理原理來解釋。當時物理原理所不能解釋的，不是真的不可解釋，只是還沒搞清楚而已。這信念透過其所推動的分子生物學而實現。孟德爾心目中抽象的遺傳因子，終於凝聚成為實質

的物質——DNA，遺傳學抵達了分水嶺的巔峰。

在和華生開始研究DNA結構時，克里克還是英國劍橋卡文迪什實驗室的博士研究生，但是年紀已經不小了（35歲），因為第二次大戰打斷了他的學業。華生來自美國，是年方二十三的博士後研究員。兩人一見投緣，都對DNA有無比的興趣，深信DNA分子掌握著基因的奧祕。雖然兩人本來都不該研究這個課題，但是他們鍥而不捨，吸取鄰近的倫敦國王學院佛蘭克林和威爾金斯進行X光結晶繞射的研究結果，效法化學大師鮑林建構實體模型，一錯再錯地嘗試。最後根據各方面的知識，包括佛蘭克林的最新結果，克里克和華生終於解出了正確的雙螺旋模型（參閱第37篇）。

雙螺旋結構終結了基因到底是蛋白質還是DNA的辯論，而且暗示基因的訊息是隱藏在鹽基的排列順序中。如果這是真的，那麼基因就像摩斯密碼一樣，必須有解碼器，將鹽基序列翻譯成蛋白質的胺基酸序列，因為當時的遺傳學告訴他們，不同的基因指揮不同蛋白質的合成，突變的基因造成突變的蛋白質。摩斯密碼表負責長音短音與字母間的轉譯；那麼，基因的密碼是如何翻譯的？

接下來大約十三年的時光，是科學界的解碼熱潮期。就連費曼（Richard Feynman）和伽莫夫（George Gamow）等大物理學家都投入其中，希望解出這世紀之謎。克里克在這期間繼續大放光彩。他和包括華生在內的一群同僚組織了「RNA領帶俱樂部」，進行長期的腦力激盪。他預言DNA訊息轉譯成胺基酸序列時，有個「使者」，將DNA上的訊息複製下來，攜帶到核糖體進行蛋白質

的合成。他的合作者證明了這角色（信使RNA）的存在。克里克又想出一個絕妙的點子，並且笨手笨腳地親自做實驗，用遺傳突變和重組，就推論出遺傳密碼是以三個鹽基為單位編碼胺基酸。夜晚他檢視實驗結果後，告訴實驗室中的同事：「你知道嗎？全世界只有我們兩人知道密碼是三聯體！」（科學研究之樂莫過於此。）他又提出「轉接子假說」，認為細胞中有一些「轉接子」，在轉譯過程中，一頭辨認信使RNA上的三聯體密碼，另一頭接著胺基酸。「轉接子」後來也被發現，就是「轉移RNA」。

於是，從DNA的結構到信使RNA的密碼，再經過核糖體和轉移RNA轉譯成為蛋白質，這分子生物學的「中心教條」，可以說是克里克孕育出的孩子。法國的分子生物學家莫納德曾說：「分子生物學不是一個人所發現或創立的。但是有一個人在智識上稱霸這個領域，因為他知道最多、了解最多──法蘭西斯·克里克。」

當克里克覺得基因和遺傳的基本原理都已經解決時，他就離開分子生物學，進入大腦與認知的研究。乍看之下，這似乎是個大跳躍，其實基本信念還是一致。他相信意識應該也沒有什麼神祕之處，應該也可以理性地了解。現在無法用科學解釋的腦的問題，終究可以獲得解決。就好像豌豆的高矮、圓皺、黃綠，可以用分子原理解釋，「你、你的快樂和你的悲哀、你的記憶和你的野心、你個人身份和自由意志的意識，實際上都只不過是無數的腦細胞和與它們結合的分子的行為罷了。」他在《驚異的假說》（The Astonishing Hypothesis）一書中就指出這艱鉅的挑戰。腦的活動遠

超出細胞中分子原理所能解釋的，所以必須跳開分子階層，投入新的思考。他很樂觀，即使晚年長期為大腸癌所苦，也沒有停止研究。

克里克是個百分百的科學家。他通常只和一位同僚合作，但是思考問題時，喜歡到處找人討論，做腦力激盪。將近三十年前，我曾經與他書信來往，討論我在當時一個有趣但不成熟的四股DNA模型（參閱第43篇）。當時他已經是諾貝爾獎得主，而我只是個剛出道且陌生的博士後研究員。他卻不厭其煩地指導且鼓勵我，深深感動並影響了我。

科學史家賈德森（Horace Judson）曾就分子生物學的崛起歷史寫成一本書叫《創世紀第八天》（*The Eighth Day of Creation*）。現在我們可以說：「第八天之後，克里克休息了。」

19 莫納德的終極挑戰

如果腦袋簡單到我們可以了解，我們應該簡單到無
法了解。

——華生（Lyall Watson，南非生物學家）

1965年，法國巴斯德研究所的莫納德和兩位合作研究基因調控的同事勞夫（André Lwoff）及賈可布（François Jacob）共同獲得諾貝爾生醫獎。記者訪問莫納德，問他當前生物學還有什麼重要問題？莫納德毫不遲疑提出兩個課題：生命的起源與中樞神經的運作。這兩個課題分別在演化歷程的最底層和最高層。「我甚至要說，最簡單的階層或許會是最難研究和了解的，因為我們今日研究的細胞，即使像最簡單的大腸桿菌，都是經歷數十億年演化的產物。他們離原始的生物極其遙遠。」莫納德如此說。

經過半個世紀，我們對這兩極端之間的生物學都有基本的了解，但是對這兩個課題的答案還是原地踏步，流於推敲和假說。為什麼呢？因為兩者都有我們無法跨越的障礙。

研究生命起源的障礙是缺乏確切的實驗條件。我們所知道的最原始生物個體是某種細菌，我們看得到它們的化石，但是化石無

法讓我們知道細菌的化學和生理結構，更別說它們如何形成以及形成前的模樣。我們可以在試管中嘗試模擬細胞出現前的分子演化過程，讓某些生化分子（例如RNA）進行複製、變異，甚至篩選並淘汰，但是我們連分子演化過程的先後順序都不知道；至於它們如何整合成一套系統，包覆在一個膜裡形成細胞，適當地與外界隔離，形成具複製和演化能力的單元，我們都只能臆測，並停留在模擬和假說（至少十幾種）的層次。任何宣稱找到生命起源線索的報導都是吹噓，尤其是經報章雜誌的渲染。

相對於生命初始的簡樸，人類大腦則超級複雜，高達1000億個神經元所組成的連結，是宇宙中目前已知最複雜的網路系統。我們連人腦最基本的機制，意即記憶的儲存、提取和表現都不清楚。這情況很像二十世紀上半葉的科學家搞不懂基因如何儲存、提取並表現訊息一樣。他們知道基因存在於DNA分子上，但是不知道排列在DNA上的大量核苷酸序列如何攜帶遺傳訊息、編碼各種不同的蛋白質。

1970年代，科學家破解遺傳密碼，掀開基因的神祕面紗。鑑於分子生物學的基本原理已經奠定完備，DNA雙螺旋共同發現者克里克就離開這領域，轉而挑戰腦科學，直到2004年過世為止。他在1994年發表了《驚異的假說》一書闡述理念：「人的精神活動完全出自神經元、神經膠細胞，以及構成並影響它們的原子、離子和分子的行為。」他樂觀地認為，當時的神經科學已經有足夠工具來研究大腦的意識運作。這唯物主義的憧憬，就像半個世紀前他與

其他分子生物學家樂觀地相信，基因的神奇行為完全可以用物理和化學原理來解釋。他預言：「意識的神祕部份可能就此消失，就好像我們現在知道DNA、RNA和蛋白質的功能之後，胚胎學的神祕部份就大致消失了。」如今《驚異的假說》出版了將近三十年，克里克和他的同志們所擁抱的夢想卻仍舊沒有突破的影子。

諷刺的是，儘管對於我們自然的生命起源以及意識運作焦頭爛額，我們卻以電子資訊系統催生出人工生命與人工智慧。這種人為設計的系統能夠幫助我們了解自然演化形成的資訊系統嗎？我既期待又懷疑。

莫納德所提出的兩個挑戰，至今仍是當代科學家的聖杯。

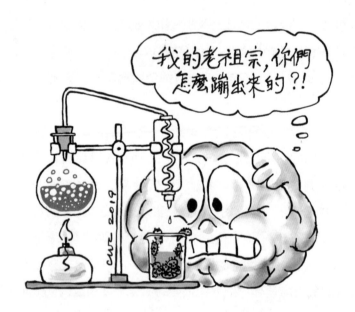

20 試管與筆桿

「機運與必然」讓兩位天才在動盪的時代，攜手走
了一趟燦爛的文學、科學與哲學的「共同冒險」。

1957年10月，當法國存在主義作家卡繆（Albert Camus）獲悉
諾貝爾文學獎頒給他，他寫了封信給巴斯德研究所的分子生物學家
莫納德。信中說：「這意外獎項給我帶來的疑惑超過肯定。至少我
有友情幫助我面對它。和很多人在一起都覺得孤獨的我，只和少數
人感覺到友情。你是其中之一，我親愛的莫納德，恆久真誠，我必
須跟你說。我們的工作和忙碌生活把我們分開，但是我們在一項共
同冒險再度重聚。」

那年卡繆四十四歲，已經國際馳名；莫納德四十七歲，才開始
在科學界嶄露頭角。卡繆為何對一位科學家如此交心？他信中提到
的「共同冒險」又是指什麼呢？

這要回溯到第二次世界大戰時期。當時卡繆和莫納德不相識，
但是兩人在德軍佔領的巴黎投入地下抵抗工作。原本就在報社工作
的卡繆匿名加入地下報紙擔任編輯兼撰稿，很多人被他鼓吹積極抗
敵的文章感動。這期間他用本名出版了小說《異鄉人》、散文《薛

西弗斯的神話》以及兩部劇本，建立了他的文學地位。這一暗一明的角色各享盛名，戰後大家才知道他們是同一人。莫納德當時是巴斯德研究所的研究員，白天做實驗，晚上參加武裝地下組織，進行破壞、劫郵、暗殺和支援聯軍等活動。他在組織中晉升到參謀長的職位。

戰後1948年，他們在一場人權活動結識成為知交。他們發現繼希特勒之後，現在有一樣可怕的新敵人，就是蘇聯的史達林共產政權。雖然兩人都是左傾的社會主義者，曾經加入共產黨，但是他們都唾棄蘇聯的極權與恐怖統治。蘇聯的御用科學家李森科（Trofim Lysenko）為了政治思想的目的，詆毀孟德爾遺傳學，提出後天環境可以影響遺傳本質，並且殘酷迫害傳統遺傳學家。這更激怒莫納德，採取嚴厲的批判和人道救援。也因此他和卡繆都受到一些昔日同志的不諒解與攻擊。

卡繆和很多存在主義者不一樣，他不擁抱虛無主義。《薛西弗斯的神話》就表達他對人生價值的追尋。神話中薛西弗斯被神懲罰，不停地推巨石上山，石頭抵達山頂後就滾下來，他必須一再推它上山。雖然承受著這永恆的懲罰，卡繆認為：「往山頂的奮鬥就足以充實人的心。我們必須想像薛西弗斯是快樂的。」

1960年，卡繆死於車禍，但是他和莫納德的「共同冒險」沒有結束。十年後，莫納德出版一本暢銷書《機運與必然》（*Chance and Necessity*）。書名取自希臘哲學家德模克里特所說的：「宇宙所有的事物都是機運與必然的結果。」這本書處處可見卡繆對他的

影響，書中開始的題詞就引用卡繆《薛西弗斯的神話》的結語。

這時期的莫納德和同事賈可布解開大腸桿菌代謝乳糖的基因調控機制，發表留名青史的「乳糖操縱組」模型。1965年，他們和老闆勞夫一起獲得諾貝爾獎。

比起卡繆和其他哲學家，莫納德更進一步以科學邏輯鞏固存在主義的論述。他說生物學的研究顯示人的出現是出於機運，不是出於神聖的計畫，因此根據後者衍生的道德信仰就無所依據。沒有先天的依據，人就必須自己規範行為，並承擔後果和責任。這是存在主義的中心思想。

21) 科學家的理性與感性

愛畫就畫。畫好畫不好，你管別人怎麼想？

　　理查‧費曼，上世紀的天才物理學家，如果你讀過他寫的《別鬧了，費曼先生》（*Surely You're Joking, Mr. Feynman!*）和《你管別人怎麼想》（*What Do You Care What Other People Think?*），那麼你就知道他喜歡音樂、很愛玩拉丁美洲的邦戈鼓，而且也喜歡畫畫，特別是畫身邊的親人、朋友和女模。他還常常跑到脫衣舞酒吧去畫脫衣舞孃。他的很多畫作受到藝廊和美術館收藏，死後還留下一百多本的速寫。

　　費曼說他繪畫是「想要表達我對這個世界之美的感情」。對於我們科學家來說，藝術活動讓我們暫時從嚴謹和理性的科學世界，放鬆到一個隨性又感性的藝術天地，達到精神層次的平衡。科學研究有嚴格周延的定律和邏輯規範，沒有任性的空間；但是對藝術而言，定律和邏輯都不重要，沒有對或錯，你可以天馬行空，創造任何技法、風格和內容，只要你喜歡。

　　這些理性活動與感性活動之間的平衡，符合以轉換活動來達到休息效果的道理。我們精神的疲憊常常是因為對一成不變的工作感

到厭倦。躺下或睡覺不一定是最好的休息方式；進行不同性質的活動常常更容易讓你恢復精神，讓你重新找到工作的熱情。

科學家玩藝術，當然不限於繪畫，音樂也是很好的選擇。最突出的例子是鮑羅定（Alexander Borodin）。很多人知道他是著名的俄羅斯民族樂派作曲家，卻不知道他也是一位傑出的化學家。在大學進行科學研究和教學才是他的正職，音樂作曲是他的業餘嗜好，只有在星期天、假日或生病的時候，才有時間進行，也因此得到「星期日作曲家」之稱。

愛因斯坦也熱愛音樂，愛拉小提琴。他宣稱小提琴帶給他生命中的主要快樂，他說「我常常在音樂中思考」，還有「我在音樂中做白日夢」。與他一樣喜歡在小提琴聲中思考的是福爾摩斯。當然福爾摩斯只是柯南·道爾小說中的虛構人物，福爾摩斯出現的那年，愛因斯坦才八歲，柯南·道爾讓福爾摩斯拉小提琴的靈感，不會是來自愛因斯坦。

福爾摩斯是幾歲開始拉小提琴，並不清楚，愛因斯坦則是五歲開始的。費曼真正投入繪畫的時候已經四十四歲（三年後獲得諾貝爾獎），他的老師是畫家左賜恩（Jirayr Zorthian）。他和左賜恩都仰慕達文西，兩人約定每星期日輪流教對方自己的本行，他教左賜恩科學，左賜恩教他繪畫，這樣子兩人或許都可以成為達文西。後來費曼繪畫學得很棒，左賜恩卻沒學到什麼科學。為什麼呢？兩人爭辯到底是因為左賜恩教得比較好，還是因為費曼是比較好的學生？

　　我個人認為真正的原因是藝術比較容易進行業餘學習，科學則很難。科學除了抽象的數學之外，任何科目都涉及其他學門的知識，一般人不容易進入狀況。藝術容許你選擇一項專門的課題（例如費曼的素描、愛因斯坦的小提琴），專注學習，即可到某種程度的成績。我年輕時就是根據這樣的想法，選擇科學研究的生涯，把藝術置於業餘嗜好。現在我和當年的費曼一樣，享受隨時掏出畫筆寫生的快樂。當年的決定似乎是對的。

22 兔子也好，烏龜也好

看那烏龜，牠得先伸出頭才能往前進。

——柯南特（James Conant，美國化學家與教育家）

「你沒有當藝術家的靈感或天份，那麼這輩子除了當科學家之外，你還要做什麼？」這句話是分子生物學開拓初期，戴爾布魯克（Max Delbrück）對來自義大利的細菌學家維斯康迪（Niccolò Visconti）說的。

維斯康迪出身貴族世家，1950年就到美國長島的冷泉港實驗室，修習了戴爾布魯克開創的「噬菌體課程」，開始研究噬菌體。他發表了五篇噬菌體的論文，都在1953年。其中一篇是和戴爾布魯克合作，討論噬菌體基因的定位。我攻讀博士班時，就是從這篇論文知道他。

維斯康迪在冷泉港的期間，他的朋友華生跑到英國劍橋的卡文迪什實驗室，和克里克埋首研究DNA結構。華生是戴爾布魯克的好友盧瑞亞（Salvador Luria）的學生，華生到劍橋做研究是戴爾布魯克出的主意。

維斯康迪和戴爾布魯克的論文發表在1953年1月的《遺傳學》

期刊。三個月後，華生和克里克的DNA雙螺旋論文出現在《自然》期刊。維斯康迪就在這一年拋下研究，離開冷泉港。日後他回到義大利和人合夥開了一家生技公司。

我有一本1966年紀念戴爾布魯克六十歲生日的專書，裡頭有三十二位他的同僚和朋友寫的回顧文章，維斯康迪也寫了一篇。他說戴爾布魯克身旁總環繞著一群聰明無比的科學家，他身處其中感到自卑，湧起了放棄研究的念頭。他一再向戴爾布魯克提起這感覺，有一次戴爾布魯克就尖銳地回答他本文開頭的那句話。

家境富裕可能讓維斯康迪比較容易換職業，另一種讓人有更多選擇的因素是個人的才氣。有些人聰明又認真，似乎走任何路都容易成功，這些天之驕子選擇較多。但是選擇多也會讓人三心兩意，幻想如果選擇其他行業會如何如何。我曾經帶過這樣的學生，我會跟他們坐下來好好談，給他們衷心忠告：「坦白問問自己，你的心在哪裡？」如果有心從事科學研究，就別再三心兩意。吃碗內、看碗外只是找自己的麻煩。人生的很多選擇題都無法複選，必須學會捨得。

還有一種是對研究有熱忱、但才華有限的學生。他們有的勇往直前，有的也會動搖，特別是碰到挫折、覺得學術路途不好走的時候。他們或許也會像維斯康迪一樣，覺得自己比不上那些聰明的同學。對於這樣處境的學生，我會告訴他科學研究不需要天份，勤奮努力更重要。愛因斯坦的成就當然有賴於他的天才，但沒有那樣天份的我們只要盡力向上，仍可成為稱職的科學家。

勤奮努力的烏龜可以打敗驕傲的兔子。何況科學研究不只是競賽，一步一步踏實往上走，只要往山上走就是成功，名次不重要。我告誡學生：不管你是兔子還是烏龜，要學會不依賴掌聲。研究生涯路途中聽到的掌聲是錦上添花，有固然很好，沒有也應該不成問題。我們不是小孩子了，要擺脫對掌聲的依賴，沒有掌聲仍舊流汗奮力。掌聲不是我們努力的目標，研究的成果才是，不是嗎？

　　你是兔子或烏龜？我們大都介於兩者之間，不是頂尖也不是墊底。不管你身處何處，勤奮和堅持總會幫助你成功。它們不保證成功，但是放棄它們就完了。

　　伸出你的頭，奮力一步一步往前進。

23 實驗室外的陽光、排球與咖啡

好的交流和黑咖啡一樣刺激，事後都令人難以入眠。

——林白（Anne Lindbergh，美國作家）

1970年，我在美國留學，剛從冰天雪地的新墨西哥州轉到豔陽高照的達拉斯，進入德州大學，每月領350美元的獎學金，非常快樂。學校剛從研究中心轉型成大學，只有物理學、地質學和分子生物學三個系，只收研究生。我就讀的分子生物學系只有六名學生，老師比學生還多，師生打成一片，士氣很旺盛，走廊不時可見三三兩兩的人交流討論，常常還是不同實驗室的成員。

此外，系裡每星期四下午舉辦研究討論，由各實驗室輪流報告自己的研究成果；星期三中午則是書報討論，分享最近發表的有趣文獻。後者比較輕鬆，很多人拎著三明治之類的午餐和咖啡進來邊吃邊聽；少數人會端一盤自助餐來，最常這樣做的是魯柏特（Claud Stanley Rupert）教授。

魯柏特是一位可愛的紳士，半禿的頭、滿腮的鬍子。研究教學之外，他還擔任院長，很忙。他常常吃完自助餐、喝下咖啡，就開

始打盹（文末插畫中的魯柏特是我當年所畫）。

　　魯柏特在當時熱門的「光生物學」（photobiology）領域享有盛名。這個領域研究非游離輻射的生物效應。非游離輻射包括紫外線、可見光和紅外線，參與很多重要的生物現象，例如光合作用、視覺、日變節律、生物發光、紫外線效應等。1880年，達爾文就曾經和兒子法蘭西斯（Francis）發表一本關於植物趨光性的重要著作。在我入學前，這個領域已經有八位科學家得到諾貝爾獎。

　　魯柏特的一項重要成就是1958年和1960年分別在大腸桿菌和酵母菌中發現催化「光再活化」（photoreactivation）作用的光裂合酶（photolyase）。光再活化現象是1949年克爾納（Albert Kelner）在美國冷泉港實驗室無意中發現，當時他在研究紫外線對鏈黴菌的殺傷力，發現該鏈黴菌具有一種由可見光（藍光）激發的修復系統，可把DNA上受紫外線照射而形成的嘧啶二聚體解開。兩個相鄰的嘧啶（T或C）之間形成的二聚體會造成DNA結構扭曲，使DNA聚合酶無法複製DNA，導致細胞突變或死亡。

　　我入學後一年，我的好朋友王子堅也來了，加入魯柏特的實驗室。1974年，也就是我畢業前一年，魯柏特收了一位土耳其學生桑卡（Aziz Sancar）。桑卡使用重組DNA技術從大腸桿菌分離並複製出光裂合酶的基因，大量純化酶分子，進行生化和物理研究。他畢業後繼續研究光再活化和另一種稱為「核苷酸切除」（nucleotide excision）的修復系統。2015年，他和兩位同行共同獲得了諾貝爾化學獎。

我進入系裡不久，另一位來自德國的哈姆（Walter Harm）教授發表了一篇論文，說咖啡因會抑制細菌的光再活化系統，使其無法修補紫外線造成的傷害。當時我們一群師生常常在傍晚一起到操場打排球，我們就笑稱或許打球前不能喝咖啡。幾年後，我們才知道人類並沒有光再活化修復系統，以前都多慮了。

　　人類沒有光再活化系統，但是有核苷酸切除修復系統。後者用一系列的酶把DNA上受傷的核苷酸切除，再補回正常的核苷酸。後來有人發現這系統也會受咖啡因抑制，不過要達到抑制效果，必須喝將近100杯的咖啡（約10公克咖啡因）。這樣高劑量的咖啡因已經達「半致死劑量」，也就是一半的人都先翹辮子了。

　　還好是這樣，讓我們打排球不怕喝咖啡，討論起科學也比較有精神吧！

24 互補——完美的和諧

對立的事物如果真的互補，它們的結合會達到最完
美的和諧；看似不相稱的事物，常常是最自然的。

——褚威格（Stefan Zweig，奧地利作家）

小時候在警匪片看到有人偷偷把別人的鑰匙放在肥皂上，用力
壓出凹痕後，拿去當模子鑄造出新鑰匙。哇，好聰明！後來有一次
遺失一把鑰匙，拿備用鑰匙去鎖店配新的。我看鎖匠把鑰匙夾在配
鑰機的一座架子上，再把同型的鑰匙胚夾在另一座架子上，經過一
番調整，再打開電源，機器就根據備用鑰匙的構造，來回割磨鑰匙
胚，複製出新鑰匙。哇，新鑰匙也可以這樣複製，不用模子。

兩種複製方法，一種透過模子，一種則直接根據樣本打造；後
來我學習DNA時也遭遇到。華生與克里克在1953年提出雙螺旋模
型時，就從鹼基間的互補配對（A:T或G:C）看出DNA的半保留複
製方式：雙螺旋打開成兩條單股，兩股互為模子，鑄造出具有互補
序列的另一股，完成複製。

最開始華生和克里克並沒有想到鹼基互補的點子。華生在《雙
螺旋》（*Double Helix*）書中說，他原來想到的是相同鹼基互相配

對，亦即A配A、T配T、G配G、C配C。他非常喜歡這模型，因為它可以解釋DNA如何複製：就是兩股打開，各自當樣本（不是模子），打造同樣序列的新股，完成複製。這不就是鎖匠用配鑰機複製鑰匙的方式嗎？不過，這模型很快就被推翻掉。

基因以互補方式複製的點子，也不是華生和克里克最先想到的，而是由他們的競爭對手鮑林（Linus Pauling）先提出。鮑林在美國加州理工學院研究蛋白質結構的時候，就提出動物免疫抗體與抗原的互動中牽涉到兩者構造的互補性；還有進行催化反應的酶與受質之間的互動也有空間的互補性，後來他進一步把互補性觀念帶進基因。

雙螺旋問世的五年前，他就在一場為題「分子結構與生命過程」的演講中說：「一般而言，基因或病毒用來當模板複製會產生不同但是互補的構造。當然一個分子也可能湊巧與鑄造它的模板既相同又互補。不過我看這種情形一般來說不太可能發生，除非出現下面情況：如果做為模板的構造（基因或病毒）有兩個部份，兩者的構造互補，那麼各個部份就可以互當模板，製造出另一部份的複製品……。」他描述的不就是雙螺旋結構和複製機制嗎？他認為「不太可能發生」的情形早就發生在地球上的每一個細胞中。

鮑林提出的基因複製模式是精采的腦力激盪，純粹依據邏輯理論，不像華生有實驗數據和模型建構的幫助。很可惜鮑林日後實際動手建構DNA模型時，沒想起這個點子；或許因為他和很多人一樣傾向基因是蛋白質的想法，不像華生與克里克那樣深信基因就

是DNA。那時候艾佛瑞（Oswald Avery）和赫胥（Alfred Hershey）的實驗室已經先後提出支持DNA是遺傳物質的證據，很多人還是覺得DNA是很笨的分子，不可能是基因的構成物質。直到華生與克里克提出雙螺旋模型，才顯示DNA其實是很聰明的分子。

　　鹼基互補的相輔相成原理，就存在於太極陰陽圖中：畫出陰的輪廓，就得到陽的輪廓，反之亦然。荷蘭的藝術家艾雪（M. C. Escher）更擅長發揮陰陽相輔相成，創造奇妙的互補圖案，就像下方插圖中的雁群。

PART 3

科學精神與研究態度

科學家不是提供答案的人，而是問對的問題的人。

問對的問題讓你從正確的起點出發，

讓你一針見血從準確的角度切入，避開讓你迷失或挫敗的歧途。

當我們不斷擴展知識，

我們將不停地發覺我們沒想到的和想不到的。

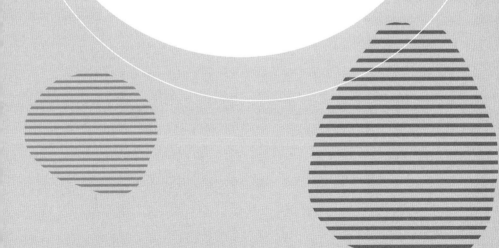

25 一次就說對，一次就做對

如果你沒有時間做對，你怎麼會有時間重做？

——伍登（John Wooden，美國籃球名教練）

我在美國聖地牙哥的斯克里普斯研究所進行博士後研究時，老闆小湯瑪斯（Charles Thomas, Jr.）教授在實驗室常說的名言是：「說對話，第一次就說對；做對事，第一次就做對。」

為什麼話第一次就要說對呢？小湯瑪斯說：「說話如果太急、太隨便，說錯了再修正，反覆之間很容易會讓聽者搞糊塗，不如好好地說，第一次就說對。」小湯瑪斯談論科學時都從容不迫，遣詞用字精準清楚。我曾經看過他準備演講的筆記，他把要說的話，從開場白到結語用鉛筆（容易修改）寫了滿滿的好幾頁。我覺得這位身經百戰的資深教授，準備演講都如此謹慎，初出茅廬的我怎麼可以掉以輕心？

做事也一樣，盡量第一次就做對。科學實驗大多要重複進行，重複的結果相同或相近，下結論才有信心，寫論文才可信。假如實驗做得草率，第一次得到負面結果，再重複時卻得到正面結果，一正一負，你要相信哪一個呢？那就再做一次，如果這次的結果又

是正面，二正一負，二比一，你就能夠安心地相信正面結果是對的嗎？要不要再做一次呢？根據小湯瑪斯的名言，實驗第一次就要做對，再做也做對，省去好多不必要的麻煩，也培養自信心。

舉一項生物學史上的著名實驗：1957年，美國加州理工學院的梅塞爾森（Mathew Meselson）和史塔爾（Frank Stahl）兩位年輕人用超高速離心機做實驗，測試DNA半保留式的複製模式。

他們設計了一套互補的實驗：第一組實驗先用較輕的氮同位素氮14（^{14}N）標記DNA，再換用較重的氮同位素氮15（^{15}N）標記；第二組實驗則反過來，先用^{15}N再用^{14}N。當時史塔爾要到密蘇里州應徵教職，梅塞爾森不想等，決定單獨進行實驗。史塔爾叮嚀他兩組實驗要分開做，不要一起做，會混淆。梅塞爾森沒聽史塔爾的建議，兩組實驗一起做，就真的做錯搞砸了，浪費珍貴的^{15}N。後來，他們學乖了，好好地一次做一組，實驗就成功了。

這故事中的錯誤，是實驗執行過程中的錯誤，是不小心造成且可以避免的人為錯誤，而不是理論或假設的錯誤。理論和假設是用來解釋某些現象，不確定性就是它的潛在本質，也就是說，它本來就可能是錯的，它的正確性是要依賴實驗測試。用實驗來測試假設，必須小心執行，避免錯誤，這樣得到的結果才可靠。胡適的名言「大膽假設，小心求證」是很有道理的。

我也常常同時做兩件事，例如一邊打電腦，一邊看電視。現代的電腦也都會同時執行多項程式（多工處理），但是人類避免出錯的能耐遠不及電腦，同時做兩樣事容易出紕漏，鍵盤上的delete鍵

就按得比較多。

　　在我的科學生涯中，小湯瑪斯的兩句話對我影響很大。我也常常用來勉勵我的學生。話若沒有一次就說對，實驗若沒有一次就做對，除了造成混淆，效率也盡失。

　　話，想好再慢慢地說；實驗，好好準備再細心地做。讓我們如此自我期許吧！

26 問什麼？怎麼問？

問對問題，難題就已經解決一半。

——榮格（Carl Jung，瑞士心理學家）

　　歐美有個小故事，說有個人在工作室敲敲打打，朋友問他在做什麼，他回答說家裡老鼠猖獗，舊的捕鼠器都沒用，他想做更好的捕鼠器。朋友問他有沒有想到養貓。這故事是在嘲諷這人眼光狹窄，脫離了原來的問題（捕鼠），只專注在技術性的「如何製作更好的捕鼠器」。

　　在實驗室裡，學生來和我討論某個技術性問題時，我常先問他用這技術的目的是什麼，因為要達到那個目的，也許有更適合的技術，或甚至不必進行那實驗。當我們面對「如何做某事」的問題時，不要忘記「為什麼要做某事」，因為「做某事」或許不是唯一或最好的解決方案。這樣的反省能讓我們回歸重點，打開思路。

　　法國哲學家李維史陀（Claude Lévi-Strauss）曾經說：「科學家不是提供答案的人，而是問對的問題的人。」問對的問題讓你從正確的起點出發，讓你一針見血從準確的角度切入，避開讓你迷失或挫敗的歧途。

牛頓在蘋果樹下，似乎就問對了問題。他從掉落的蘋果得到靈感的故事大概是真的。根據他的朋友史塔克里（William Stukeley）的回憶錄所述，1726年的某天，史塔克里去拜訪當時已經八十三歲的牛頓。史塔克里說：「晚餐後我們走到花園，在蘋果樹的樹蔭下喝茶，只有他和我。在談話中他告訴我，他以前就是在同樣的情形下得到重力的觀念。他問自己：『為什麼蘋果總是垂直往地面掉？為什麼不往兩側或往上，而總是往地心走？』」牛頓問的蘋果問題，最終孕育出他的萬有引力定律。

　　十九世紀初，同樣在英國的道耳頓（John Dalton）對研究結果提出一個問題：「為什麼每種能溶解在水中的氣體，體積都不一樣？」他認為原因是各種氣體的構成單位是特定的「最終粒子」，不同氣體最終粒子的重量和大小不一樣。道耳頓從這樣的假設推論出「原子論」，奠定了現代化學的基礎。

　　1987年，我剛進入陽明醫學院（現在的陽明交通大學）任職，和學生及助理開始研究一種土壤細菌鏈黴菌（Streptomyces）。我們提出一個問題：鏈黴菌的遺傳有一個奇特現象，就是它們的染色體有很大的區域非常不穩定，很容易被刪除。這是其他細菌很罕見的現象，到底是什麼奇特的結構或機制造成不穩定？

　　我們追究到最後，發現鏈黴菌的染色體居然是線狀的，而不穩定區域就位在染色體的末端。這個發現讓大家都嚇了一大跳，因為在這之前，大家都以為鏈黴菌和其他細菌一樣具有環狀染色體。

　　這三個例子都是根據觀察或實驗結果發問，提出可以被檢驗的

理論，再進行實驗測試。有時候科學家腦中的構思卻無法（至少在當時）做實際的觀察或實驗，只能進行所謂「思考實驗」（thought experiment）。愛因斯坦年輕時就做過這樣的思考實驗：他想像，如果自己以光速前進，將會看到怎麼樣的景色？這個思考實驗引導出他日後發展的廣義相對論。

除了問好的問題之外，當我們把問題講給別人聽的時候，提問的方式也要正確。接下來的例子是一則同樣和貓有關的問題：「有一隻貓從牆上跳下來，牠先往左邊看看，再往右邊看看，然後往前直走。為什麼？」有人回答：貓先左看再右看，是要看有沒有車子開過來。也有人回答：先是左邊有人叫，然後右邊有人叫，所以貓先看左邊再看右邊。這個腦筋急轉彎的真正答案是：貓往左邊看再往右邊看，是因為牠不能同時看兩邊。

這出人意表的答案雖搞笑但合理，因為凡是貓、獅、人等掠食動物的雙眼都長在頭的前側，讓兩眼前方的視野充份重疊，景物看起來才有立體感，能瞬間準確判斷獵物的距離；這種安排的代價是個體必須轉頭才能看清楚兩側。反之兔、馬、羊之類的獵物，雙眼就長在頭的兩側，隨時可以眼觀八方、提防掠食者。上面腦筋急轉彎的答案就不適用於兔子，因為兔子可以同時看左右兩邊。

仔細想想，三個答案都是針對不同的重點作答，邏輯上都沒錯，那麼為什麼一個問題會有不同的合理答案呢？這是因為問題本身不夠明確，沒有交代問題中的「為什麼」問的是什麼？是在問為什麼要先往兩邊看再前進？或者為什麼先看左邊再看右邊？或者為

什麼不兩邊一起看？

　　回答的人也沒弄清楚，就根據自己的假設作答，有人回答貓為什麼兩邊看之後再前進；有人回答貓為什麼先看左邊再看右邊。而腦筋急轉彎的答案是為什麼兩邊不一起看。作答者如果夠嚴謹的話，應該要請發問者釐清他想問的是什麼，才能針對問題思考作答。當然如果碰到這樣嚴謹的對手，腦筋急轉彎就沒輒了。

　　這個腦筋急轉彎依賴的就是我們平常不嚴謹的態度。日常生活中我們問的問題常常不夠嚴謹，或許會降低效率，也會迸發笑點。例如有一位老太太用雨傘戳一下公車司機，問說：「這裡是哪裡？」司機回答說：「這是我的肋骨。」

　　在正式場合提出不夠嚴謹的問題，後果就比較嚴重。考試的問題如果陳述不夠嚴謹（像上面貓的問題）就會誤導學生。如果是口試，考生還可以請老師釐清問題；若是筆試，可能就會答非所問。

　　在臺灣教育環境長大的學生們比較不喜歡公開問問題。我在美國攻讀博士的時候，系裡每星期都有兩場演講，由老師和同學報告自己的研究成果或閱讀文獻的心得。老師都鼓勵同學踴躍發問，因為在互動中進行的解釋、辯證和討論都是很重要的學習工具。那時候我定下一個目標：聽每一場演講一定要發問一次。當時因為要講英文，我都會事先推敲想好要說的句子、想好如何清晰有邏輯地提出問題，不要結結巴巴地說不清楚。前幾次我都要鼓起勇氣才敢舉手，但多多練習，久而久之就養成好習慣。附帶的好處是因為要提問，每次都會認真聽講。

後來我一直鼓勵學生勇敢發問，我告訴他們要記取「國王的新衣」的故事，要學習那位質疑國王沒穿衣服的小孩，雖然和其他人意見不同，仍然坦然率直地說出自己心中的疑問。

　　美國哲人愛默生（Ralph Waldo Emerson）曾說過：「當對方呼聲很高的時候，我們更要心平氣和堅持我們自發的感想，不然明天一位陌生人會高明地說出恰恰是我們一直想到和感受到的東西，我們將被迫羞慚地從別人那裡接受我們自己的見解。」即使最後發現你是錯的，你也會從中有所學習。

　　問越多，錯越多，學越多。學習過程不要害怕暴露你的無知，不懂不要裝懂，讓老師知道你不懂，老師才能適當地教導你。

　　我們不要只吸收問題的答案，而要多問問題，問正確的問題，並且正確地問問題。

27 沒想到的和想不到的

> 對不同的事物，我有大概的答案、可能的信念，以
> 及不同程度的不確定。
>
> ——費曼（美國物理學家）

「昨晚9點鐘的月亮是白色，今天同一個時候的月亮卻是橘黃色。請問是何緣故？」

這是1970年我在美國德州大學念分子生物學博士班時，「巨分子物理化學」的期中考題之一。這門課程探討的是細胞中的核酸、蛋白質、碳水化合物和脂肪等聚合物的物理結構與功能，出這道題目的是光學專家葛瑞（Donald Gray）教授。

我知道這問題牽涉光波的吸收和散射現象：物體的色相主要取決於對不同波長的光的吸收和散射。在日光下，物體如果不吸收所有波長的可見光而加以散射，就呈現白色；完全吸收而不散射，就呈現黑色；部份吸收、部份散射，就呈現散射出來的顏色。天空看起來藍，是因為陽光穿過大氣層的時候會被氣體分子和懸浮微粒散射，波長越短的光散射越強，藍光波長最短，因此散射最多。夕陽和附近的天空看起來比較紅，是因為黃昏時陽光斜射，穿過大氣層

的路徑比較長，散射掉較多藍光、剩下紅光。

對葛瑞教授的問題，我回答：「今晚9點鐘月亮的位置比昨晚同時間的月亮低，月光經過大氣層的路徑比較長，藍光被散射掉比較多，因此月球看起來偏橘色。」考卷發下來，葛瑞教授告訴同學們，他原來想的答案是：今晚的大氣層污染比較嚴重，懸浮微粒比較多，因此藍光被散射掉比較多，但是他覺得我的答案也有道理，他沒考慮到月球運行與地球自轉的關係。那題他給我滿分。

這件事有兩個啟示：第一、科學家是講道理的，有理就可以接受；第二、科學推理很難周全，常常會忽略某些可能性。除了數學和邏輯之類的抽象理論，世俗事件的緣由，我們幾乎不可能周全想到所有的可能，因為我們不是全知的。

福爾摩斯有一句經典名言：「一旦你排除所有的不可能，留下來的不管多麼不太可能，一定是真的。」這句話常常出現在小說和電影中。我每次聽到時都覺得怪怪的，因為我們怎麼知道「所有」的可能？一件事情發生的可能緣由，有明顯的，也有不明顯的，甚至千奇百怪的，我們怎麼可能全都知道呢？如果我們不知道所有的可能，怎麼能夠「排除所有的不可能」？

現代熱力學之父、物理學家湯姆森（William Thomson，後來的克耳文爵士）就犯過這樣的錯。他曾經和很多科學家爭論地球的年齡，他計算地球從炎熱的火球冷卻到現代的溫度所需要的時間，估計地球的年齡不會超過四億年。這個數字遠低於地質學家和演化學家（包括達爾文）的估計。但是湯姆森非常固執，一直堅持自己

的主張「一定正確」，而且「沒有其他可能」。

　　現在我們認為地球的年齡大約四十五億年。湯姆森錯得離譜，因為事實上有他不知道的「其他可能」。當時還沒有發現放射線，科學家都不知道地殼中有很多放射性物質，這些放射性物質的衰變會釋出大量的熱能，讓地球冷卻速度更慢。此外，他把地球當成一個完全固態的封閉系統，沒有對流導熱的可能，也是錯誤的。

　　我們做科學推論時，要對假設謙虛，容忍所有合理的可能，不要以為自己已經知道所有的可能。科學史一直告訴我們：當我們不斷擴展知識，我們將不停地發覺我們沒想到的和想不到的。

28 因與果的迷思

野牛沒有大家想像得那麼危險。統計告訴我們，被
汽車撞死的美國人比被野牛撞死的還多。

——包可華（Art Buchwald，美國幽默專欄作家）

　　我很久沒抽菸了。年少輕狂的我常抽菸：打牌、聊天、撞球，
甚至聽演講時（即使被旁人討厭）。

　　那個年代，菸是很多國家的軍隊配給品，雖然菸和疾病間的關
聯已經顯現並受到重視。紙菸開始盛行的二十世紀初，肺癌很少
見。接下來半個世紀，肺癌患者人數急速爬升，大家開始懷疑和紙
菸的流行有關。

　　1950 年，多爾（Richard Doll）和希爾（Bradford Hill）在《英
國醫學期刊》發表一篇經典論文，從統計數據提出肺癌與紙菸之間
有顯著的相關性。此後世界各地開始出現類似的研究報告。從這些
數據看來，吸菸的人罹患肺癌的比率明顯高於不吸菸的人，而且和
累積的吸菸量有關。

　　一般民眾看了這些報導，很可能就認為吸菸顯然會導致肺癌，
但是從嚴格的科學角度卻不能這樣說，因為統計的相關性不代表因

果關係。兩項變數有因果關係，是說一項變數（果）是另一項變數（因）所引起的。統計學可以建立變數相關性的強度，但是無法肯定它們是否具有因果關係，更別說何者是因、何者是果。

有些統計相關性是間接的，亦即兩個變數會呈現相關性，是因為它們分別和第三個變數掛鉤。例如統計顯示冰淇淋的銷售量和中暑人數強烈相關，一起升一起降，但我們不會說是吃冰淇淋造成中暑吧？我們知道這兩個變數都是隨著氣溫升降，氣溫才是兩者共同的「因」。

同樣地，我們也可以推託說吸菸和肺癌的相關性是出於一個隱藏著的變數。統計學兼遺傳學家費雪（Ronald Fisher）就曾提出：或許有些人的體質容易罹患肺癌，也讓他們喜歡抽菸，所以肺癌可能不是抽菸導致的。要測試這個假設極度困難，必須隨機取樣，不顧個人意願強迫一群人抽菸、另一群人不抽菸，然後比較這兩群人的肺癌發生率。這種干涉性的人體實驗在現代社會應該是違法的。此外，肺癌的發生機制很複雜，除了個人內在的遺傳因素，外在的空氣品質也很重要。有些人抽了一輩子的菸也沒得肺癌，有些人沒抽菸卻中鏢。

吸菸與肺癌之間的因果關係，最終是建立於很多實驗與臨床觀察。化學分析證實，燃燒菸草會產生很多致癌化合物，吸越多菸，你就暴露在越多的致癌物質中，罹患肺癌（或其他癌症）的機率當然就越高。

再舉些隱藏變數的例子：統計數據顯示，多喝酒的人肺癌發生

率也比較高。這可不是說喝酒會導致肺癌，是因為抽菸的族群喝酒者的比例較不抽菸的族群高，喝酒的族群抽菸者的比例也較不喝酒的族群高（所謂「菸酒不離」）。更弔詭的例子是，某處高山空氣清新，居民長年飲食清淡，但癌症發生率卻高於全民平均值。難道清新空氣和清淡飲食反而容易致癌？不，真正的原因是這些居民比較長壽，而年紀是罹癌的最大風險因子。

有些變數的相關性很強，但方向性很難判斷。例如統計顯示，結婚的人比單身的人快樂。那到底是結婚讓人比較快樂，或者快樂的人比較喜歡或容易結婚？這很難釐清，我們也無法做控制性的對照實驗。

更麻煩的是，有時候統計的過程或結果本身會影響所研究的變數。最常見的是政治民調，調查結果常常會影響所調查的變數。觀測行為本身會影響被觀測者的狀態，這不就好像量子力學的「不確定性原理」？

29 資訊要去蕪存菁

智能不是儲藏資訊的能力，而是知道哪裡找到資訊的能力。

——愛因斯坦（Albert Einstein，美國物理學家）

　　記得多年前，有一次岳父母請大舅子和我們兩家一共十人一起午餐。席間岳父出了一道謎題「鏡中人」給大家猜，打一個字。五名大人和四個小孩開始動腦筋。有人猜「囚」，不對，鏡子不一定是方形；有人猜「我」，也不對，鏡中人不一定是自己。這時候我四歲的兒子思律悄悄扯了他媽媽的手臂，說：「媽咪，是不是『入』？」外公大吃一驚，說答對了。就這樣，年紀最小的思律打敗在場的五名大人和三位上小學的姊姊和表姊們。

　　我太太告訴大家：思律學了幾個簡單的中文字，像「一、二、三、人、口」等。有一次在電影院，思律指著一個牌子，問說上面寫的是「人口」嗎？媽媽說不是，那是「入口」；「入」是「人」反過來。思律就多認識了一個字，剛好就是謎題的答案。

　　事後我想，我們其他八人再多花一點時間，大概也會想到正確答案。問題是我們要搜尋的字多很多，大人認識的中文字數以千

計，小學生認識的字大概也有幾百個。我們必須在這龐大的資料庫中搜尋，思律搜尋的資料庫卻十個字不到，只要裡頭有正確答案，很快可以找到。這個故事告訴我們，資料庫大不一定是好事。只要能應付需求，短小精幹最好。

1970年代，美國趨勢大師托佛勒（Alvin Toffler）在《未來的衝擊》（*Future Shock*）書中，就用「資訊超載」形容在有限時間使用大量資訊做決定時，所面臨的效率與品質下降。半世紀後的今日，資訊超載的問題更嚴重。網路發展神速，造成資訊超量擴散，也能觸及更龐大的群眾。資料越多，搜尋越費時，似是而非的誤導也越多。前者只是效率降低，或許可以透過硬體和軟體工程而改善，後者導致錯誤的決定或行動，目前還沒演化出能有效自動去蕪存菁的機制。

地球上的生物進行了40億年的資訊去蕪存菁，不同生物的遺傳資料庫大小差異很大。大致而言，越複雜的生物所擁有的遺傳資訊越多。人類的基因體就有30億左右的鹼基對，包含數萬個編碼蛋白質的基因，和無數支持與調控這些基因的複雜訊號。這麼長的DNA需要大約24小時才能複製完成。

相較之下，細菌的染色體就很短，最長的大約1000萬鹼基對，攜帶大約1萬個基因；最短的才16萬鹼基對，攜帶大約160個基因。前者的細胞和生活方式比較複雜，需要較多的基因打造各種結構，以適應多變的環境（例如土壤）。反之，生活在單純生態（例如動物腸道）的細菌，為了爭取有限的空間和養份，生長速度

必須夠快，基因就比較少，因為染色體的複製本身就是生長的一大負擔，大腸桿菌的染色體有$4.6×10^6$鹼基對，複製要40分鐘。在良好的環境下，它每20分鐘分裂一次，因此子代的染色體在祖父細胞中就要開始複製。

染色體最短的是共生或寄生的細菌，它們很多生理功能都依賴共生的夥伴或宿主，多餘沒用的基因在演化中都漸漸壞去、遭到刪除，讓基因體短小精幹，不浪費能量和資源在劣質的資訊上頭。

相較於其他荒涼的行星，地球生物從DNA和細胞走到大腦的生物資訊系統，再發展出人類文字語言和電腦的人為資訊系統，經歷了40億年，演化學家道金斯（Richard Dawkins）所稱的「資訊爆炸」至今仍然不斷擴張。在有限的空間、時間和資源下，適度的簡約是必要的策略。

30 跳過黑盒子

不管你的理論多漂亮，不管你多聰明，如果它和實驗不吻合，它就不對。

——費曼（美國物理學家）

我跟學生講孟德爾的豌豆遺傳研究時，常常說孟德爾的研究策略是跳過生理學的黑盒子，直接從雜交實驗的數據找出背後的抽象原理。我的意思是，他完全不理會豌豆的花為什麼會是白色或紫色，種皮為什麼會是皺或圓，他只在乎白花和紫花植株的數目，或者皺種皮和圓種皮植株的數目，以及這些數字的規律性。

孟德爾相信，這些性狀出現的規律隱藏著大自然的法則（他日後在論文中如此說），他依據二項分佈的觀念，提出決定這些性狀的因子是成雙成對地存在於各親代中，透過交配在子代重新組合。這成對遺傳因子的觀念在染色體與減數分裂的發現後，就得到具體的物理架構。

美國遺傳學家摩根（Thomas Morgan）的研究室進一步把基因排列在染色體上，接下來發現基因的訊息是儲藏在DNA的鹼基序列中，而且會轉錄為信使RNA，再轉譯為蛋白質。

接下來科學家面臨另一個黑盒子：RNA的鹼基序列如何編碼蛋白質的胺基酸序列？RNA的鹼基有四種，蛋白質的胺基酸有二十種；四種鹼基如何編碼二十種胺基酸？中間媒介的「遺傳密碼」是什麼？

對這個充滿挑戰性的課題，美國物理學家伽莫夫（George Gamow）在1953年提出「鑽石密碼」的假說，認為DNA雙螺旋上四個鹼基圍成的菱形鑽石框，可以塞進一個胺基酸，總共有二十種框對應二十種胺基酸。鑽石密碼很漂亮，但是很短命，沒多久就由當時已知的少許蛋白質序列推翻。儘管如此，伽莫夫開創的理論解碼路線誘引很多科學家（大多是物理學家）投入研究，把解碼當做抽象問題，用理論的角度來思考，如何讓四種鹼基編碼二十種胺基酸，又不違背已知的實驗數據。

這理論路線進行了八年（和孟德爾研究豌豆的時間一樣長），花費了龐大的人力與財力，得到的只是克里克所說的「一大堆討論遺傳密碼的爛論文」。一直到1961，年美國國家衛生研究院的尼倫伯格（Marshall Nirenberg）發表他們在試管中解出的第一個密碼子，才讓其他人從夢中驚醒，原來黑盒子可以直接用實驗研究。六年後，整個遺傳密碼全部在實驗室解出來，這些遺傳密碼完全出乎之前理論的預期。

為什麼孟德爾能跳過黑盒子來理出遺傳原理，而伽莫夫等一群絕頂聰明的科學家卻無法跳過黑盒子，解出任何遺傳密碼的規律？我想，在孟德爾跳過的黑盒子中，基因和染色體的結構與行為符合

生物學的邏輯，能夠直接從實驗數據推演出來。反之，遺傳密碼並不是根據某些原理或計畫所設計，它的組成和結構基本上沒有邏輯規律可循，完全是演化天擇的隨機成品。誰會想到有些胺基酸只對應一個密碼子，而有些對應兩個、四個，甚至是對應六個？誰又能預測六十四個密碼子中有三個是終止密碼子？這些都無法用理論路線推論出來。

　　現代生物學家面對的是一個更黑的黑盒子：大腦。大腦的運作（例如記憶的儲存這基本機制）除了遵循物理定律與生理學功能，似乎有超乎經典生物學和資訊科學典範的深層弔詭。這個黑盒子好像無法直接挑戰，也好像跳不過去。怎麼辦？

31) 大自然不跳躍

> 沒有事情是突然發生的，大自然不跳躍，這是我最
> 重大和最堅定的信條之一。
>
> ——萊布尼茲（Gottfried Willhelm Leibniz，德國數學家）

1970年，我進入美國德州大學達拉斯分校攻讀分子生物學博士，一開始就和未來的指導教授發生爭辯。

我們是第一屆研究生，只有六位，可以選的指導教授大約有一打。每位教授最多只能指導一位研究生，我們必須等一學期的輪習之後才決定。我最屬意所裡最嚴格的德國教授漢斯·布瑞摩爾。

第一學期的分子生物學第一堂課，漢斯就發給我們一張考卷，題目都是基本的數學、物理和化學問題，就是要考我們的基本程度。其中有一題是圖解分析：他給我們一幅汽車里程圖（見129頁插畫中左圖），要我們從它導出速度圖（右圖）。

看起來很簡單：第一個小時車子等速跑了10公里，車速就是10公里/小時；第二個小時車子等速跑20公里，車速20公里/小時；第三個小時車子等速跑40公里，車速40公里/小時。所以我在加速度圖中0到1小時的地方畫一條對應Y軸10公里/小時的橫

線，1到2小時處畫一條20公里/小時的橫線，2到3小時處畫一條40公里/小時的橫線。然後我在這三條橫線間用垂直虛線連接起來，成為一條連續的階梯形線條。

考卷發回來，漢斯用紅筆把三條橫線間的連結線都畫叉叉。他告訴我說，左圖中顯示的車程速度（斜率）沒有顯示漸進的改變，所以速度的改變是跳躍式的，不應該有連接線；意思是我畫蛇添足。我反駁漢斯，跳躍性的速度改變是不可能的。從10公里/小時加速到20公里/小時不可能是瞬間的。加速（速度差/時間差）如果是瞬間的（時間差＝0），那加速所需要的能量將是無限大（因為分母是0），所以從10公里/小時加快到20公里/小時，期間必須有一段（即使是極短）時間讓速度連續上升，不可能直接跳躍上去。加速可以很快，但必定是連續的（右圖中的虛線）。

我後來才體會到，我那時說的是十七世紀萊布尼茲講的「連續性原理」。後來萊布尼茲就是從連續性原理的觀念發展出微積分（牛頓在英國也獨立發展出來）。

如果加速必須是連續的，我們如何知道它瞬間的變化呢？從萊布尼茲的眼光，我們可把時間分割成小段，再繼續無窮分割，一直到無窮小量，然後來計算這無窮小量時段的速度。處理這樣無窮小量的極限變化的數學就是微積分。萊布尼茲和牛頓都用這樣的無窮小量發展微積分，但無窮小量不是標準的數，它不等於0，只是要多小就有多小。一開始，微積分的使用受到正統數學家的批評和攻擊，經過了相當長的時間和努力，微積分才得到崇高的數學地位，

促成幾乎所有現代科學和工程學的突破與成長。

　　漢斯的考題，實際而言，那左圖並沒有明確表示速度的變化是否完全突然（有折點），或是漸進（沒折點）。前者雖然只存在理論狀況下，應該是漢斯的本意，所以他的標準答案是跳躍的加速度改變。而我則從實際的角度看，左圖的速度改變雖然很快，但不會是跳躍的，因此我覺得三個等速之間的變化應該是連續的。

　　學期過後，我和一位女同學蘇珊都填志願希望進入漢斯的實驗室，漢斯選擇了我，改變了我的一生——連續性地。

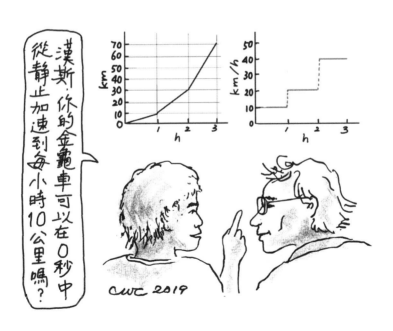

32 我的朋友是魔鬼代言人

> 禮貌是所有良好科學合作的毒藥……批評在科學中
> 是友誼的標竿。
>
> ——克里克（英國物理學家與生物學家）

　　從前羅馬天主教在封聖過程中審查候選人時，會有正反兩面的
教會法律師進行辯論。支持候選人的律師稱為「上帝代言人」，提
出反面意見的律師稱為「魔鬼代言人」，後者的職責是對候選人的
資格和事蹟提出異議和挑戰。這樣的設計是希望透過嚴謹的辯論顯
現出真相。

　　後來的人就用「魔鬼代言人」形容為了測試一個議題或論據的
正確性或妥當性，故意挑戰、反對的人。這樣故意質疑他人，有時
候近於苛刻、雞蛋裡挑骨頭。這源自十六世紀教廷的質疑精神，正
是現代科學的精髓。

　　科學史上也有許多魔鬼代言人的故事，其中很有名的是瑞士植
物學權威納吉里。當年孟德爾寄了豌豆研究的論文給他，得到很保
留的反應。納吉里不懷疑孟德爾的實驗結果，但是對他的詮釋表示
「謹慎質疑」。他認為孟德爾提出的3:1和9:3:3:1比例可解釋實驗

結果，卻不足以構成完整的理論。他鼓勵並幫助孟德爾改用其他植物（包括很多人研究的山柳菊）做實驗，認為會有不同結果。山柳菊雜交的結果真的和豌豆完全相反，逼得孟德爾不得不提出山柳菊可能有另一套遺傳原理。這個不幸的挫折不是任何人的錯，問題就出在山柳菊正常情形下都進行無性生殖。這要到三十多年後才被人發現。

我們要怪納吉里這魔鬼代言人阻礙遺傳學進展嗎？不。孟德爾也知道，他的遺傳原理必須在其他的植物印證，才能放諸四海。

七十多年後，美國洛克斐勒研究所的艾佛瑞（Oswald Avery）和同仁發表支持DNA是遺傳物質的論文，那時也出現很多魔鬼代言人，其中批評最強烈的是他的同事米爾斯基（Alfred Mirsky）。後者質疑試管中純化的DNA裡，「很難排除可能有極少量的蛋白質，無法檢測出來，附著在DNA上，才是（基因）活性所必需的。」這是中肯的質疑，艾佛瑞私下也承認這個可能性。

大約在那十年前，同樣也是在洛克斐勒，史坦利（Wendell Stanley）的實驗室純化了菸草鑲嵌病毒，並製成結晶。這些晶體具有感染性，成份是純的蛋白質，這發現顯示基因是蛋白質。這樣錯誤的結論，是因為他們的技術不夠靈敏，沒偵測到病毒中少量的RNA。在菸草鑲嵌病毒裡，RNA才是基因的攜帶者。

接下來，發現DNA雙螺旋結構的華生和克里克更是互相扮演魔鬼代言人的角色。克里克如此描述他們之間的互動：「如果我們一位走入歧途，另一個人可以把他拉回正途……我們合作還有一件

好事，就是我們絕對不怕坦誠相對，甚至坦誠到失禮的地步。」

「坦誠到失禮的地步」是一個指標，意指即使讓對方失了面子也要直說。好的魔鬼代言人更要犀利，不讓實驗或邏輯的瑕疵隨便呼攏過去，逼你做建設性的回應、嚴謹的思考或論述，或進行新的實驗。

我在研究所常常聽到研究生說做報告的時候很怕老師「電」，好像老師是故意挑他毛病、讓他難堪。要知道老師電你，不是他不贊同，而是他必須扮演魔鬼代言人的角色，確定你的數據、詮釋和結論都站得住腳、無懈可擊。如果你不能讓自己的指導老師信服，又如何讓他人（包括論文審查者）信服？就如華生所說：「不斷讓你的點子暴露在有見識的批評下很重要。」魔鬼代言人是逆耳的忠實好友，他的質疑是試金石。

33 必需的錯

> 錯誤，是學習必需的歷程，也是發現和進步的墊腳石。

這個世界充滿錯誤，我們要擁抱這些錯誤。沒有它們，就沒有我們。

沒有錯誤，生物就沒有演化。每一個物種世代相傳的時候都會產生變異，這些變異受到天擇，才有演化，才有新的物種。我們自己就是這樣「變異→天擇→變異」連綿循環的產物。

生物的變異來自基因的突變，亦即DNA上鹼基的改變。鹼基的改變常常來自DNA複製時發生的錯誤。不管什麼生物，DNA複製機制都不完美、都有可能出錯，置入錯誤的核苷酸。此外，物理（例如紫外線）或化學（例如亞硝酸）因子也會造成鹼基改變。針對這些錯誤，生物具有修錯機制，但修錯系統本身並不完美，也可能造成突變。一個物種發生突變的頻率若太高，會導致過度衰退和死亡；太低則會降低演化能力。歷經長久的天擇之後，大部份物種都根據自己的生命循環、生理和生活環境，發展出適當的突變率，每一次DNA複製的突變率大約在十億分之一到百萬分之一之間。

陽光中的紫外線會造成DNA突變，但是藍光卻會幫助某些生物（不包括人類）修復紫外線造成的鹼基傷害。這種奇特的修復現象是一項意外發現。1949年美國冷泉港實驗室的克爾納（Albert Kelner）發現，他不經意留在窗邊的鏈黴菌會自行修復較多的紫外線傷害。同時期在印第安納大學的杜貝可（Renato Dulbecco，1975年諾貝爾生醫獎得主）也發現日光燈照射會幫助噬菌體修復紫外線傷害。後來的研究發現，催化這修復工作的是一種很奇特的酶，需要藍光才能夠活化，而這個修復系統就稱為「光再活化」（參閱第24篇）。

　　日後在一場「光再活化」研討會上，主持人戴爾布魯克（Max Delbruck）半玩笑地提出一個「有限度的草率原則」。他說克爾納和杜貝可做實驗都有一點點草率，樣本有時候放這裡，有時候擺那裡，實驗結果差異很大，進而導致新發現；這一點點草率，是他們幸運的契機。

　　有限度的草率導致意外的發現，在科學史上還有很多例子。弗萊明發現盤尼西林，也是因為不小心、沒把培養皿蓋好，讓產生盤尼西林的青黴菌飄進去。中央研究院院士王倬在1970年代發現DNA拓撲異構酶（參閱第43篇），是因為他不小心讓離心機多轉了一段時間，溫度也設定得太高，讓酶出現活性，解開DNA的超螺旋（superhelix）。這些草率如果沒有發生，就沒有意外的幸運發現。

　　戴爾布魯克倒也不是鼓勵科學家草率做研究。他說：「如果你

太草率，就得不到可重複的結果，那你也就無法得到任何結論；但如果你正好只有一點點馬虎，看見奇怪的事情的時候你會說：『喔，老天，發生了什麼事？這次我有什麼地方做得不一樣？』如果你真的只是無意中改變了一項參數，就可以追究出緣故。」

我們治學要嚴謹，避免草率，因為不管我們多麼嚴謹，在科學研究、數學解題、語言溝通以及日常生活中，錯誤永遠會發生，無法避免。它是我們學習的基本元素。學識研究的錯誤教導我們、提升我們，人生歷練的錯誤考驗我們、塑造我們。如果我們能夠從錯誤中取得知識和教訓，錯誤就不是真正的失敗，而是發現與進步的墊腳石。

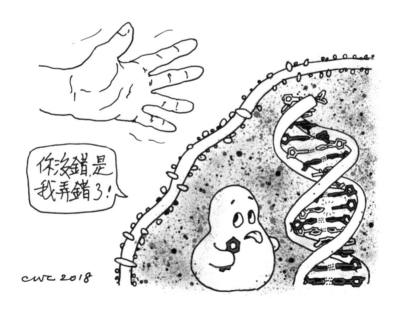

34 解謎與發現的快樂

真正的快樂在於發現，不在於知道。

——艾西莫夫（Isaac Asimov，美國生化學家與科幻作家）

　　身為一位科學家，最高境界的樂趣總來自於發現和解謎。發現新現象或新原理令人無比興奮；解開謎題也令人無比快樂。解開謎題會帶來新發現，而新發現會帶來新謎題，兩者息息相關。

　　我的研究生涯就經歷過這樣的寶貴經驗。1981 年，我回到臺灣，在生技公司進行研發，接觸到鏈黴菌（普遍的土壤細菌）時，就發現一個奇怪現象：鏈黴菌的染色體有一大段非常不穩定的區域，極容易發生大幅刪除，同時失去很多基因。這怪象在不同的鏈黴菌都觀察得到，發生頻率很高，原因不明。

　　後來我轉到大學任教，就決定研究這個謎。當時我們實驗室在一株鏈黴菌中發現一個轉位子（transposon），就決定從它開始著手，因為轉位子會在基因體中跳動，造成基因體的不穩定。我們發現這轉位子位在一個很長（五萬鹼基對）的線狀質體（質體是存在染色體之外的非必需 DNA）。再者這轉位子也位在一條超長（幾百萬鹼基對）的 DNA。這超長的 DNA 看起來也是線狀，而且從它

的大小判斷，我們猜測它不是質體，而是染色體。可是當時的教科書說，細菌的染色體都是環狀，鏈黴菌的染色體怎麼會是線狀呢？經過一番努力，我們證實這株鏈黴菌的染色體確實是線狀，而且其他鏈黴菌的染色體也都是線狀。

這項發現解開了原本的謎題：原來那不穩定的區域就是染色體的末端。之前的科學家已發現真核生物的線狀染色體末端很不穩定，很容易斷裂刪除。包括我們研究的鏈黴菌染色體的末端也如此，而且末端還充斥各種轉位子，更提高它們的不穩定性。

新發現帶來一項弔詭：雖然我們發現鏈黴菌的染色體是線狀，從前遺傳學家所建立的「遺傳地圖」（參閱第17篇）卻都是環狀。

染色體的遺傳地圖是根據兩條染色體進行同源重組時，以基因之間發生重組的頻率建構起來。基本的原理是：基因之間的距離越小，它們發生重組的機率越低；距離越大，重組機率越高。

根據這些重組頻率就可以畫出相關基因在染色體上的相對位置，亦即遺傳地圖。各種鏈黴菌透過基因重組實驗結果，建構起來的遺傳地圖都是環狀的。直覺上，環狀的遺傳地圖不就應該代表環狀的染色體嗎？很多細菌都是如此，染色體是環狀，遺傳地圖也是環狀。那麼鏈黴菌的線狀染色體，怎麼會呈現環狀的遺傳地圖呢？

我們也就著手進行遺傳重組實驗，除了觀察鏈黴菌染色體上的基因交換，還特別檢驗兩端的交換。染色體兩端相距最遠，發生交換的頻率應該最高，但是我們卻發現它們幾乎沒發生交換。這好像染色體的兩端互相牽著手不放。怎麼會這樣呢？

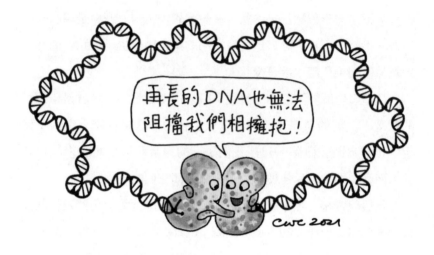

　　鏈黴菌線狀染色體DNA的兩端各有一個以共價鍵連結的蛋白質。會不會是這兩個蛋白質手牽著手呢？我們發現確實如此：末端蛋白質在試管中或細胞中都相黏著，要用清潔劑處理才分得開。也就是說，線狀的染色體在細胞中透過末端蛋白質的互動，圈起來形成環形，導致環形的遺傳地圖。

　　這一連串謎題發現謎題，又帶來發現，歷經將近二十年，給我們帶來無比的激勵與滿足。

35 臨界量的思維

地球是廣闊無垠的宇宙競技場中一個很微小的舞
臺。

—— 薩根（Carl Sagan，美國天文學家）

　　上物理課時，老師講解核連鎖反應的時候會告訴我們，不管是核武或核反應爐，核分裂材料必須到達一定的質量，核分裂釋放出來的中子才會在衰變前撞擊到其他核子，觸發新的核分裂，讓反應持續擴大。如果質量不足，核分裂就會停止，無法產生連鎖反應。這造成連鎖反應的最低質量，稱為「臨界質量」或「臨界量」。

　　人類文明的延續也有臨界量。我們的語文、知識、技術和風俗等文明活動，都要受到廣大的人群採納，才能持續傳承和散佈；如果沒有足夠的人口維持和發展，它們就容易在歷史洪流中消逝，或被其他文明同化。生物的演化也一樣，一物種的個體數目要夠多，才不容易在自然或人為的壓力下滅絕。

　　現代科技文明已普及全球，數千萬科學家和工程師在各地進行各種研究，發表大量論文和專利。其中真正有深遠影響的成果或許只是少數，但是所有的科學家透過交流、支持和辯論，碰撞出心智

的火花，就像核連鎖反應一樣不停擴散。蕭伯納（George Bernard Shaw）就曾說：「如果你有一顆蘋果，我有一顆蘋果，我們交換蘋果，你我仍各有一顆蘋果。但是如果你有一個點子，我有一個點子，我們交換點子，你我就各有兩個點子。」

科學家之間的廣泛互動是現代科學得以成功的基本要素，偉大的科學家和偉大的發現都不是從真空中產生的。牛頓也說過：「如果我有看得比較遠，是因為我站在巨人的肩膀上。」在我看來，這些巨人就是全球的科學家。

從另一個角度來看，臨界量也適用於物種的演化。一個物種的族群通常必須達到足夠的規模，才會出現罕見的新品系，攜帶具有競爭力的新突變來適應環境的挑戰。例如：一種細菌要自發產生抗性的突變來逃避抗生素的攻擊，就要有夠大的數量，因為抗性基因的突變率很低，大約百萬分之一。如果族群未達臨界量，就很難出現抗性突變株。同樣地，病毒也都快速擴大族群，產生出各種突變株。這些突變株大部份是劣勢品系，但是有些特殊品系能夠逃避宿主的免疫系統或藥物的攻擊，而讓族群成功擴展。

臨界量的觀念也可以用來討論宇宙的天體與生命。目前可觀測的宇宙，估計大約有高達 10^{23} 個恆星。宇宙之大，但是像地球這樣具備適宜的地理、資源、溫度、空氣、水等環境條件的行星非常罕見。有人認為宇宙的龐大是有道理的，宇宙要有這麼多星體，經過 100 多億年的星球演化，才有機會出現像地球這樣適合生命存在的環境。地球本身也要有數十億年的時間，讓生物進行演化。

　　宇宙中還有其他星球演化出生命嗎？這個機率似乎微小得不得了，但是星球的數目大得不得了。小得不得了的機率乘以大得不得了的樣本數目，得到的期望值就不可忽視。在宇宙某一個遙遠的角落，或許也存在著另一種文明生物，他們一定也同樣在思考這個問題。

36 沒有一個基因是孤島

> 不用懷疑，這項技術，在某時某地，會以能被遺傳
> 的方式，用來改變我們這個物種，永遠改變人類的
> 遺傳組成。
>
> ——杜德納（Jennifer Doudna，美國生物化學家）

　　2020年的諾貝爾化學獎得主是美國的生物化學家杜德納和法國的微生物學家夏本惕爾（Emmanuelle Charpentier）。她們倆的實驗室合作把細菌裡負責剪切噬菌體DNA的CRISPR-Cas9免疫系統，發展成剪輯基因的新工具。這項技術的操作並不特別艱難，在2012年發表之後，很快就被許多其他實驗室成功採納並改良以應用在很多物種，包括人類的胚胎。

　　遺傳工程技術只要牽涉到人體，馬上就引來各種健康、倫理、道德和法律的嚴肅爭議。杜德納曾經表示，她晚上常常睡不著，掛念她們發展的技術將醞釀出什麼樣的「道德風暴」。有一晚，她還夢見希特勒，問她CRISPR-Cas9如何使用？可以做什麼？夢醒後她就決定挺身面對遺傳工程的社會議題。

　　幾年後，杜德納擔心的噩夢果然成真。2018年11月，中國「人

民網」以〈世界首例免疫愛滋病的基因編輯嬰兒在中國誕生〉一文，報導南方科技大學副教授賀建奎的團隊使用CRISPR-Cas9技術，修改一對名為露露和娜娜雙胞胎的基因，期望讓她們對愛滋病較有抵抗力。這項人體實驗掀起軒然大波，引來排山倒海的譴責，因為它沒有經過醫學倫理的討論、審查和監管。這實驗被批評「高度不負責任、不道德，以及基因體剪輯技術的危險使用」。賀建奎後來被中國政府判刑入獄。

賀建奎在雙胞胎實驗剪輯的是一種稱為CCR5的基因。CCR5編碼的蛋白質分佈在免疫細胞表面，是R5型人類免疫不全病毒（HIV）入侵的媒介，而R5型HIV是發病早期出現最多的病毒。現代人類族群（尤其是歐洲人）有不少人帶有一種Δ32（缺少32個鹼基對）的突變。突變的蛋白質能夠讓R5型HIV無法入侵細胞，所以兩套CCR5都攜帶Δ32突變（同型，homozygous）的人，對R5型HIV抵抗力很強；攜帶一套突變以及一套正常CCR5基因（異型，heterozygous）的人，也比一般人有抵抗力。

賀建奎在CCR5 Δ32變異的位置製造突變，結果露露的一套CCR5基因完全沒變，另一套中間缺少15個鹼基對，和CCR5 Δ32突變不一樣。娜娜的兩套CCR5中一套缺少四個鹼基對，另一套則多出一個鹼基對，也都和CCR5 Δ32突變不同。這些突變蛋白質會產生什麼樣的生理效應，誰也不確定。

CRISPR-Cas9是最先進的基因剪輯技術，但是這項技術並不完美，過程中可能有意外改變別處序列（俗稱「脫靶」）的風險，有

時發生在標靶附近，有時發生在其他部位。最近在英國和美國的三間實驗室把CRISPR-Cas9應用在人類胚胎細胞實驗，發現有高達1/5~1/2的脫靶現象。這樣的結果不禁讓人擔憂，若這項技術實際應用在胎兒上，風險太大。

就算剪輯技術是完美的，我們還要考慮突變可能產生的副作用，就好像服藥要考慮副作用一樣。任何藥物除了直接作用在目標，都可能在別處產生可預期或不可預期的反應。基因的突變也是一樣，產生的效果不是獨立的，很可能有其他可預期或不可預期的效應。

細胞中數千數萬個基因，沒有一個基因是孤島；每一個基因多多少少都會和某些其他基因互動，形成綿密的複雜網路。任何性狀也都不是某單一基因所決定；改變一個基因除了影響這個基因參與的生理功能，多少也都會影響其他基因的功能。

CCR5蛋白質存在細胞表面，當然不是為了提病毒入侵的入口。它是一種「趨化因子受體」，有如細胞的鼻子，讓細胞嗅到調控細胞移動的趨化因子（chemokine），進而往濃度高的地方遷移。CCR5蛋白質除了存在於很多免疫細胞內，還遍佈在蝕骨細胞、纖維母細胞、肝細胞、神經元等。CCR5蛋白質在這些細胞扮演的功能還不明確，但免疫細胞是人體抵抗病毒最重要的工具，因此很多學者非常關心CCR5∆32突變是否會造成人體防禦某些病毒的缺口。

調查和研究的結果顯示CCR5∆32變異確實會影響人體對一些

病毒的抵抗力和痊癒力，例如受西尼羅河病毒和流感病毒感染後病情會比較嚴重。另外，CCR5Δ32變異所帶來的影響具有相當高的多樣性，似乎視個人的免疫系統以及所屬族群或家族的遺傳因素而有所不同。

過去試管嬰兒的爭議，我們還算平順地走過，因為它畢竟沒有牽涉到基因改造；現在我們面對更有爭議的「訂製嬰兒」（例如露露和娜娜）。人體的基因改造技術常給大眾美麗的憧憬，除了醫療上可能治療並預防先天遺傳疾病、還可以改善體質（例如降低心臟病、糖尿病或癌症風險）或美容（例如改變髮色或膚色），除了牽涉到個人健康之外，還為業者帶來無限商機。不過，當中最讓人擔憂的議題是生殖細胞的基因改造。在體細胞做的基因修飾不會遺傳到下一代，影響的只是這一代；而在生殖細胞進行的改變就可能世代永遠遺傳下去，影響深遠。

整個社會必須一起思考：我們面臨的長遠風險有多大？我們是否準備好冒著違背自然演化、降低遺傳多樣性的風險進行人種改良？我們是否準備好面臨這種技術帶來的倫理與道德爭議？我們預期的收益是否值得冒這些風險？我們是否會打開一個潘朵拉盒子？

美國博德研究院（Broad Institute）是麻省理工學院和哈佛大學合作發展人類基因體醫學工具的研究單位。2015年，此單位的院長蘭德（Eric Lander）在《新英格蘭醫學期刊》發表一篇關於基因體醫學的評論。他在結論說：「至少在可見的未來，這樣的主張（譯註：禁止進行人類基因的永久改造）是明智之舉。如果我們的

技術變成熟、科學知識更豐富、道德智慧更充足，而且我們具備很有說服力的理由的話，禁令永遠可以逆轉。反之，准許科學家永久地改變我們物種的DNA，是一項應該需要廣泛的社會理解和共識而做的決定。」

2019年，美國國家科學院和英國皇家醫學會召集三十多位專家成立「國際人類生殖系基因體剪輯之臨床應用委員會」進行檢討。2020年9月，他們發表了一份兩百多頁的報告，指出目前人類基因體仍然無法精準且可靠地改變，無法避免發生不良變化的可能，所以經基因剪輯過的人類胚胎不應該用來植入人體造成懷孕。在我們對胚胎發育和基因改變的副作用有更透徹的了解之前，不可貿然行事。這個結論，應該可以說是代表現下很多人（包括我）比較審慎的共識吧。

PART 4

基因、密碼、演化

科學研究很像盲人摸象，不同的科學家在不同位置，

從不同的角度研究相同或相關的課題，

取得各自的結果和結論，然後互相討論，

努力拼湊起一個比較完整、精確、接近真實的答案。

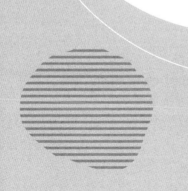

37) 盲人摸DNA

> 如果我有看得比較遠，是因為我站在巨人的肩膀
> 上。

—— 牛頓（Isaac Newton，英國數學家與物理學家）

　　我們都聽過盲人摸象的隱喻，說一群盲人在摸大象，想知道大
象的模樣，結果因為各人觸摸部位不同，提出各種不同的大象模
樣。有人說大象像蛇，有人說大象像扇子，有人說大象像牆，有人
說大象像樹，這些都只是部份觀察。

　　科學研究很像盲人摸象，不同的科學家在不同位置，從不同的
角度研究相同或相關的課題，取得各自的結果和結論，然後互相討
論，努力拼湊起一個比較完整、精確、接近真實的答案。就好像盲
人互相討論，也可拼湊出一個鼻子像蛇、耳朵像扇、身軀像牆、四
腿像樹的大致「真象」。

　　1953年2月28日，英國劍橋的卡文迪什實驗室的克里克和來
自美國的華生解出DNA的雙螺旋結構。這項二十世紀生物學最重
要的發現，也是一則盲人摸象的故事。

　　故事開端時，科學家已經知道DNA的基本化學結構是長串的

核苷酸聚合物；核苷酸由磷酸、去氧核糖和鹼基三個次單位組成；鹼基有四種：腺嘌呤（A）、鳥糞嘌呤（G）、胸腺嘧啶（T）和胞嘧啶（C）。當時已知磷酸和去氧核糖反覆連結形成骨架，鹼基一個一個接在去氧核糖上，但是不知道整體的立體結構。那個時代的分子結構研究，都仰賴X射線繞射晶體學。1937年，英國里茲大學的阿斯特伯里（William Astbury）用這項技術推論DNA的鹼基像銅幣般相疊成柱狀，沒有間隙，此外，鹼基和去氧核糖躺在一個平面。他算第一位摸DNA大象的盲人。

1947年，英國諾丁漢學院大學的古蘭德（John Gulland）和喬登（Denis Jordan）從酸鹼滴定的實驗看出DNA的結構依賴氫鍵的支持；他們正確推論出氫鍵存在於鹼基與鹼基之間。他們算第二和第三位盲人。

翌年，美國哥倫比亞大學教授查加夫（Erwin Chargaff）測量不同生物中的鹼基含量，發現其中A和T的數目很接近，G和C的數目也很接近。後來他到劍橋訪問時，把這結果告訴華生和克里克。他算第四位盲人。

1949年，英國倫敦大學的佛伯格（Sven Furberg）糾正阿斯特伯里，說鹼基和去氧核糖之間是互相垂直的。佛伯格還提出兩個DNA模型，都是單股的結構。他算第五位盲人。

1951~53年間，倫敦國王學院的佛蘭克林（Rosalind Franklin）用X射線繞射技術得到幾項關鍵性數據，包括次單位的間距與密度、螺旋的直徑與週期以及含水量等。她從實驗結果知道DNA親

水，所以帶著親水性磷酸的骨架應朝外，疏水的鹼基應在裡面。她是DNA摸得最有成就的第六位盲人。

1953年，克里克從佛蘭克林的數據中看出DNA結構的關鍵資訊，包括雙股的反平行走向；華生從查加夫的結論以及自己的模型研究，悟出A:T和G:C的氫鍵配對。這第七和第八位盲人綜合所有盲人的結論，建立起完整的雙螺旋模型，亦即外面兩股磷酸和糖連結起來的骨架以反平行方式互繞、內部的鹼基A:T和G:C分別以氫鍵配對，相疊無隙。

日後克里克坦言道：「我們只是在一堆迷亂的事實與推論上點燃思想的火花，……雙螺旋的發現之所以能夠成功，是因為這麼多科學家在不同的方位提供了關鍵的資訊。」八位盲人的摸索，終於拼湊出DNA的「真相」。

38 向左轉，向右轉，
有關係嗎？

克里克曾經告訴我，他們選擇右旋，因為從空間的
考量它比較好。

——王倬（James Wang，華裔美國分子生物學家）

　　十幾年前，我在《科學月刊》投書，指出一幅插圖中的物件左
右旋畫錯了。後來該文章的作者刊登回應說：「這是觀點的問題，
從這一端看是左旋，從另一端看就是右旋了。」

　　我看了這回覆就愣住了，拿給學生們看，他們也傻眼。我知道
很多人無法分辨左右旋，但是一位科學作家竟然有如此誤謬的觀
念。我們都說DNA雙螺旋是右旋，難道我們從另一端看它就變成
左旋嗎？本文155頁這幅插畫中的左旋DNA，把它倒過來看，有變
成右旋嗎？

　　事實上DNA雙螺旋是右旋或左旋，是經歷了二十多年的考驗
才拍板定案。1953年，華生和克里克構築雙螺旋模型，依據的只
是佛蘭克林拍攝的X射線繞射圖。那個時代的DNA樣品都來自生
物個體，含有無數不同的序列，所以得到的繞射數據都是平均值，

只能夠看出一些螺旋的基本特徵，看不出螺旋是幾股多核苷酸在纏繞，也看不出螺旋是左旋或右旋。

華生和克里克在第一篇論文中宣稱它是右旋，但是沒有解釋為什麼是右旋。隔年，他們在一篇比較詳細的論文中說：「左旋的螺旋可以建構，但是會違反凡得瓦力所容許的接觸。」也就是說左旋的雙螺旋一樣可以建構起來，只是從他們用鐵絲和鐵片構築的模型看來，鹼基間有擁擠之處。這個根據很薄弱。1975年，我曾經用球棒分子模型建構DNA模型，也發現雙螺旋扭成左旋或右旋都差不多一樣容易，沒有明顯差異。

克里克不只一次表示，雙螺旋是左旋或右旋仍未定論。1979年，他還和同僚發表一篇論文〈DNA真的是雙螺旋嗎？〉，文中他們說：「原本的雙螺旋模型是右旋。這個特徵的實驗證據只是建議性，並不完全令人信服。」

1970年代後期，人工自動合成多核苷酸的技術成熟。開始有人合成特定序列的DNA，讓它結晶，然後用X射線繞射圖譜技術定出結晶結構。這樣的技術容許科學家定出DNA分子中的原子位置。1980年，美國加州理工學院的狄克森（Richard Dickerson）實驗室發表一段12個鹼基對的DNA晶體高解析度結構，這雙螺旋是右旋。後來洛克斐勒大學的徐明達實驗室也用電子顯微鏡技術再支持右旋的DNA雙螺旋。

華生和克里克提出雙螺旋是右旋的，可以說是幸運的猜測。我們現在知道DNA分子和其他分子一樣，在水溶液（包括在細胞中）

都處於動態的狀況；雖然某些特殊序列在某種情況下會形成左旋雙螺旋，基本上右旋還是最常見的穩定狀態。

現在的學生們考試都會回答說DNA是右旋的雙螺旋，但是他們很多不會分辨左旋和右旋。平常在媒體中出現的雙螺旋，將近有一半畫錯了，包括以DNA為主角的書（例如華生的自傳《雙螺旋》）或期刊（例如《自然》）的封面，甚至華生寫的教科書裡也是。我還曾經看見兩間科學博物館展示左旋的DNA模型。

學校都教過，為什麼很多人不會分辨左右旋呢？我想應該是因為我們生活中很少需要這個本事。我們接觸最多的螺旋是螺絲，螺絲通常是右旋的，左旋的螺絲只出現在一般人不會使用的特殊機械上。假如左旋和右旋的螺絲我們平常都要用，相信大家就比較會分辨了。

39 DNA是酸，記得哦！

從某個角度來說，鮑林的核酸一點都不是酸……大師忘了基本的大學化學。

——華生（美國分子生物學家）

現代媒體使用最多的科學圖像非雙螺旋莫屬；被引用（和誤用）最多的科學名詞應該也是DNA。DNA是英文deoxyribonucleic acid（去氧核糖核酸）的縮寫。「deoxyribonucleic」一字很顯眼，但是平凡的「acid」就容易被大眾所忽視，大家常常忘了DNA是酸。這樣的輕忽也曾經在當年DNA解構競賽中，讓三個人栽了大跟斗。這三個人是英國劍橋大學的華生和克里克，以及美國加州理工學院的鮑林。

DNA是酸，因為它的結構次單元是核苷酸；核苷酸是由一個鹼基、一個去氧核糖和一個磷酸根組成，所以一條DNA有多少個核苷酸，就有多少個磷酸根。酸會離子化，釋出質子（H^+）。在中性水溶液中（例如細胞中的環境），DNA上絕大部份的磷酸根都會釋出質子，留下淨負電。這個性質在很多教科書和DNA雙螺旋模型中都沒解釋，但是牢記它會讓我們容易理解DNA的結構和

性質。

　　首先，帶負電的磷酸根具有強烈的極性和親水性。當年倫敦國王學院的佛蘭克林用X射線晶體繞射圖學研究DNA結構時，就發現DNA很親水，所以推論攜帶磷酸根的骨架應該在結構的外圍，而疏水性的鹼基應該在內部，就好像細胞膜的磷脂雙層，親水的磷酸根朝外，疏水的脂肪酸在內。華生、克里克和鮑林三人都沒有弄清楚這點，先後提出錯誤的DNA模型，把鹼基擺在外頭，把攜帶磷酸根的骨架塞在裡頭。鮑林的模型更扯，它的磷酸根竟然沒帶電！對這位化學泰斗而言，這是不可思議的大紕漏。

　　如果DNA在中性水溶液中帶負電，那麼加酸來降低pH值，讓質子附著到磷酸根上，不就可以中和磷酸根的負電，讓它失去親水性而使DNA沉澱下來嗎？沒錯，歷史上首次（從白血球）萃取出DNA的瑞士生物學家米歇爾（Friedrich Miescher），就是用酸沉澱的。

　　佛蘭克林分析的DNA來自小牛胸腺，是用酒精沉澱下來的。現代生物學實驗（包括中學生萃取水果DNA）也大都是用酒精沉澱。酒精能夠沉澱DNA，是因為它的極性比水低很多，會降低DNA的溶解度，使它沉澱下來。加酒精的時候，水溶液要有足夠鹽類，因為鹽類在水中會解離出正離子，附著到磷酸根、中和掉負電，降低沉澱過程中DNA分子的互斥。

　　同樣的道理，當我們進行核酸雜交（hybridization）實驗，讓具有互補序列的單股DNA或RNA配對形成雙螺旋時，也必須在溶

液中添加相當濃度的鹽類，中和雙股的磷酸根，這樣子它們才能夠互相接近以進行配對。

即使不進行沉澱或雜交實驗，一般含DNA的水溶液都必須含少許的鹽類，不是為了減少DNA分子之間的互斥，而是要降低DNA雙螺旋兩股之間的互斥。雙螺旋的直徑長度大約20埃（縮寫為Å，1埃 =0.1奈米），佈滿負電的兩股，互斥的力量不可忽視。DNA如果被丟入沒有離子的純水中，兩股互斥的力道就足以讓兩股分開。

這樣子，我們就可以了解為什麼華生和克里克在1953年發表的雙螺旋模型論文中，開場白會說：「我們希望提出一個去氧核糖核酸鹽（the salt of deoxyribose nucleic acid）的結構。」注意「去氧核糖核酸」後面那個「鹽」字！雙螺旋必須有正價離子與磷酸根結合（形成鹽類）才會穩定。這是他們學到的寶貴教訓。

記住，DNA是酸，但在細胞中它是鹽類。

40 浴缸中的DNA

任何全部或部份浸在液體中的物體，都承受了大小
相當於被排開液體的重量、但方向相反的推舉力。

——阿基米德（古希臘科學家，出自《論浮體》）

我初中就學游泳，現在還是旱鴨子一隻。我怪我的頭太大、太重，身體密度太高。善泳的朋友叫我在水裡放輕鬆，自然會浮起來，還示範給我看。我也示範給他們看，我在水中放輕鬆，然後就慢慢慢慢沉下去。後來有一次我到以色列開會，參加大會安排的死海旅遊。在那超鹹的海水中，我浮起來了！

死海的鹽濃度是34%，密度1.24g/cm^3。密度1.0g/cm^{3}上下的人體泡在死海中，就大約有1/4的軀體會浮在水面（阿基米德原理）。我的身體密度如果真的比水高，浮出的部份應該不到1/4。但是沉在水中和浮出水面的身體體積怎麼測量呢？人體的體積本來就很難量。我讀過有一種專門做這種事的機器，是要把整個人體泡在液體裡量。

這讓我想到DNA密度的測量。這課題是1950年代美國加州理工學院的梅塞爾森（Matthew Meselson）和史塔爾（Frank Stahl）

開始研究的。這兩位年輕人當時在研究DNA複製模式，用兩種氮同位素（^{14}N與^{15}N）標幟大腸桿菌的DNA。為了分開這兩種密度相異的DNA，他們發展嶄新的「等密度離心技術」：讓DNA溶在高濃度（約7.7M）的氯化銫溶液中，再用超高速離心機進行每分鐘4萬5000轉的離心。在這超強離心力（約14萬G）下，溶液中的銫離子會稍微往離心管底部沉降，形成密度梯度：底部密度約1.8，頂部密度約1.6。DNA在密度比它低的地方會下沉，在密度比它高的地方會上浮，最後集中到氯化銫密度約1.7的位置（^{15}N-DNA的位置比^{14}N-DNA稍低）。這樣用浮力測出的DNA密度稱為「浮力密度」，有別於巨觀世界中用重量除以體積計算出來的密度。

有人會問：我們知道DNA的化學結構，可以算出它的重量，再除以體積不就得到密度嗎？沒錯，我們可以算出DNA分子的重量，但是體積怎麼知道呢？分子是原子構成的。但是我們只能大致估計原子的大小，因為原子的外圍是電子雲；電子雲沒有明確的界線，它只代表電子分佈的或然率。像DNA這樣複雜的分子，真不知道如何計算或測量它的體積。

其實我們不能這樣把DNA放在真空中考慮，DNA在水中也不是獨立存在。DNA很親水，懸浮在水溶液中，周遭的水分子則以氫鍵和去氧核糖及鹼基結合；雙螺旋形成的「大溝」和「小溝」規律結構，更讓水分子可以更緊密地附著上去。這些密切的交互作用都幫助穩固雙螺旋結構。後來DNA結構專家狄克森（Richard

Dickerson）甚至建議把水納為DNA結構的第四種成份。梅塞爾森和史塔爾在氯化銫梯度中，測量到的是DNA和緊密附著的水與正離子整體的密度。在鹽濃度很低的情形下，水活性大約1，每個核苷酸上面大約有50個水分子附著，也就是說DNA分子上面罩滿了水分子。在用來分離DNA的氯化銫溶液中，水活性大約0.8，每個核苷酸附著的水分子還有大約八個。

我也曾經用分子量更高的硫酸銫（Cs_2SO_4）分離DNA。硫酸銫溶液在離心機中形成的密度梯度比氯化銫更陡，DNA在此呈現的浮力密度是1.4，比氯化銫低了0.3，因為硫酸銫溶液要載浮DNA只需1.4M，這個濃度下水活性超過0.9，每個核苷酸上面附著約十八個水分子，浮力密度自然就較低。

微觀世界中，分子的沉浮逃不過周遭水和其他分子的影響。巨觀世界中，在死海漂浮的我也要注意，別讓海水灌入我的鼻孔。

41 DNA游泳賽

每一次的轉身都是贏得比賽的機會。它是游泳賽事
中的關鍵瞬間。

——史必茲（Mark Spitz，美國傳奇泳將）

很多自然組學生曾在實驗室中，從水果萃取出黏黏的DNA，
再用瓊脂凝膠（agarose gel）電泳分離DNA，體驗分子生物學的
基本技術。電泳槽裡pH中性的緩衝液中，DNA帶很多負電（磷酸
根），所以在電場中會往正極游動。凝膠的功能就像篩網，一坨一
坨鬆散球狀的DNA分子穿梭其中。較大的DNA分子受到的阻礙較
多，穿梭得較慢，於是不同大小的DNA分子就在凝膠中分離。這
技術從1970年代初期就廣為分子生物學家所用。

傳統的瓊脂凝膠電泳只能分離長度大約50~5萬鹼基對的DNA
分子，在此範圍外就無法有效分離。太短的DNA分子體積小，
凝膠網對它們毫無阻礙，等於在自由水液中電泳，穿梭速度都一
樣。太長的DNA分子形成的球坨體積太大，無法通過凝膠網，必
須拉開，用蛇行方式在網中前進。蛇行的DNA分子所受到的凝膠
網阻力和電場拉力大致成正比，因此不同大小的DNA分子穿梭速

度差不多，無法分離，會擠在一起。一般瓊脂凝膠電泳無法分離的小DNA分子，可以用網孔更細且通常用來分離蛋白質的聚丙烯醯胺凝膠（polyacrylamide gel）電泳技術解決；至於約5萬鹼基對的長度極限，則要到1983年，美國哥倫比亞大學的研究生施瓦茲（David Schwartz）與指導教授康托（Charles Cantor）發明了「脈衝場凝膠電泳」（pulsed-field gel electrophoresis, PFGE）才有所突破。施瓦茲就讀哈佛大學大四時就提出PFGE的點子，卻先後遭兩位指導教授嗤之以鼻，直到他進入哥倫比亞大學康托的實驗室，兩人才成功發展出這項技術。

PFGE能分離巨大DNA的原理是：電泳時每隔一段時間（「脈衝時間」）改變電場方向，強迫DNA分子轉向游動。例如先讓DNA分子往左前方游，再改變電場方向讓分子往右前方游，一再反覆的過程中，較大的DNA分子轉向時比較慢，真正能前進的時間就較短；較小的DNA分子轉向比較快，就有較多的時間前進。就像游泳比賽，選手在池端轉身的速度很重要，如果泳速一樣，轉身速度比人慢就輸了。

脈衝時間在PFGE是關鍵。小分子很短的時間內就轉向完畢，大分子則需要較長時間，如果脈衝時間太短，分子還沒完全轉向就又要再轉向，將沒機會前進，因此要分離越大的分子，脈衝時間就要越長。

我們實驗室曾經分離鏈黴菌的線狀染色體DNA（參閱第34篇），長達800萬鹼基對（約2.7毫米），採用的脈衝時間就高達一

小時，總共進行5~7天（期間DNA分子要轉向120~168次）才得到美好的電泳分離結果。PFGE也有極限，最高大約只能分離約1000萬鹼基對的DNA。很多真核生物的染色體都超過這個大小，必須由限制酶切割才能有效分離。巨大的環狀DNA（大多數的細菌和古菌的染色體）也無法以PFGE分離，主要因為這類巨大的DNA會在凝膠網卡住無法游動，也要先用酶切割成線狀再進行電泳。

　　操作這些大DNA分子還要注意的是：DNA只要長度超過10萬鹼基對，在水中稍微搖動就容易被水的剪力切斷。為了避免水剪的問題，進行PFGE前都要先把細胞包埋在凝膠中，然後用界面活性劑裂解細胞，釋出完整的DNA分子，再進行電泳。

　　（在螢光顯微鏡下觀察DNA分子進行脈衝場凝膠電泳：https://www.youtube.com/watch?v=FHK1hCa3_qw）

42 魔術師中的魔術師

以酶來說，DNA拓撲異構酶是魔術師中的魔術師。

——王倬（美國分子生物學家）

魔術師站在臺上，手持兩個鋼環，晃晃敲敲，就把兩個環套起來，再晃晃敲敲，又把兩環分開來。小時候看到這表演總覺得不可思議；長大之後才曉得，原來其中一個鋼環有一處很難看出來的細縫，可以讓另一個鋼環推擠過去。魔術師迅速俐落的手法騙過觀眾的眼睛。

以拓撲學來說，那兩「環」其實是一「環」和一「線」。環與線之間當然可以穿梭自如，沒有問題。真正的兩環要相扣起來，非得切開一環，穿過另一環，再把切口封起來不可。魔術師沒這個能耐，他用障眼法。

不用障眼法，就可以做此表演的魔術師，存在我們的細胞裡。它們能扣合兩個DNA環，也可以把兩個相扣的DNA環分開，天衣無縫。這些魔術師叫做「DNA拓撲異構酶」（topoisomerase）。所有的染色體，不管是環狀或線狀，複製的時候都需要它們。如果沒

有它們，環狀DNA複製後兩條新DNA會相扣，不能分開。以一萬個鹼基對的環狀DNA為例，複製前雙股互繞大約1000次（以10鹼基對互繞一次計）。複製時雙股分開，各自複製成雙股，最後合成的兩條新DNA不就互繞1000次嗎？這些相扣的新DNA就要靠拓撲異構酶來解開。

至於線狀DNA，理論上它們複製後的兩條新DNA並沒有相扣，只會互纏。除非長度很短，不然互纏的次數會很高，動輒數萬到數百萬次，極難自行分開，需要拓撲異構酶有效率地分開它們。華生和克里克在1953年發表的第二篇DNA雙螺旋論文中就提起這個問題。這個問題一直懸而未決，直到1970年，來自臺灣的王倬在美國加州大學柏克萊分校發現DNA拓撲異構酶才出現答案。

拓撲異構酶如何表演它的魔術呢？首先它切斷DNA上的磷酸二酯鍵，把斷點的磷酸根用共價鍵接在本身一個酪胺酸的氫氧根上，等DNA股穿越缺口之後，再解除共價鍵，把磷酸根接回原來的斷點上，補起缺口，恢復原狀。魔術師的鋼環拿來細看，可以看到缺口，但是拓撲異構酶作用過的DNA，看不到缺口，沒有剪接的痕跡。作用前後的DNA化學結構完全一樣，改變的只是雙股互繞的次數或DNA相扣的次數。這樣化學結構相同，但是拓撲學相異的DNA分子，稱為「拓撲異構物」；而拓撲異構酶就是能夠把一種拓撲異構物，改變成另一種拓撲異構物的酶。

拓撲異構酶有兩型：第一型每次剪接的是單股DNA；第二型每次剪接的是雙股DNA。第一型和第二型還合作執行一項所有生

物都必備的功能：調節細胞中DNA的鬆緊度。第二型降低雙股互繞的次數；第一型則增加互繞的次數。兩者協調合作，維持細胞中的DNA雙股互繞稍微不足的程度（大約少6%），好讓RNA聚合酶和DNA聚合酶比較容易打開雙股，進行轉錄和複製。

地球上的生物演化出很長的DNA來儲藏訊息，拓撲異構酶註定不可或缺。除了上述的功能之外，它們還參與DNA的捲扭、摺疊、重組、轉位、修復等重要活動。

這些魔術師中的魔術師，發現至今已經超過半世紀，在諾貝爾獎的舞臺卻一直缺席，我不太理解。

43 邂逅四股DNA

G－四聯體如果那麼容易在試管中形成，大自然會
找到方法在生物體內利用它們。

——克魯格（Aaron Klug，英國生物物理學家與化學家）

1976年，我在美國俄亥俄州進行博士後研究工作時，對DNA
重組的機制很感興趣，特別是兩條同序列的DNA能在細胞中互相
辨認，實在神奇。有一天我用紙筆和剪刀推敲，發現兩個A：T鹼
基對可以面對面透過兩個氫鍵結合在一起；兩個G：C鹼基對也一
樣可以面對面透過兩個氫鍵結合起來。G：C對G：C，A：T對A：
T，這樣兩條相同序列的DNA不就可以配對起來嗎？

紙上談兵還得接受實際檢驗。我開車到密西根州立大學借來一
套模型，嘗試構築四股DNA。先組起A：T和G：C鹼基對，然後
把相同的鹼基對以氫鍵接起來，沒有問題。最後把去氧核糖和磷酸
的骨架接在外面，形成一疊四股的結構。整體看不出有明顯的排擠
或障礙。我很興奮，開始著手撰寫論文。

我的老闆馬可闊迭（James McCorquodale）教授看好這四股
DNA模型，那時候他剛好要到冷泉港實驗室開會，就把我的論文

稿帶去請教當時冷泉港的主任華生（James Watson）。過了一段時間，華生回了一封短函給我，說他已經不研究DNA了，要我去請教克里克（Francis Crick）。克里克那時候已經轉任加州的沙克研究所。我把稿子寄給克里克，不久就收到回信，說他半年前在英國劍橋也研究過類似的模型，但是發現有問題，就是那四股模型中有兩條骨架太接近，上面帶負電的磷酸會互斥，結構不穩定。他後來又告訴我，同樣的模型三年前蘇格蘭的麥可蓋文（Steward McGavin）就已經發表過。

我的四股DNA模型就此告一段落。後來我應徵哈佛大學小湯瑪斯（Charles Thomas, Jr.）教授研究員一職，他要我講這四股DNA結構給他們聽。他認為這樣的結構或許和他在研究的真核染色體末端（端粒）的結構穩定性有關。他的想法對了一半；日後的研究發現端粒DNA確實會形成四股結構，不過是另一種形式。

端粒DNA的3′端通常拖著一段單股尾巴，帶著一串含G的重複序列，能夠像迴紋針般來回四次形成四股結構，內部由四個G以八個氫鍵互相結合，形成四角形（如右頁圖）；糖和磷酸的骨架處在四個角落，相距甚遠（和雙螺旋狀態差不多），所以磷酸沒有互斥的問題。這樣的結構稱為「G－四聯體」（G-quadruplex, G4）。

除了端粒之外，染色體中也普遍存在可以形成相同或類似G4結構的序列，電腦分析估計人類染色體中有71萬多個可以形成G4的序列。分子生物學實驗也確實在細胞中偵測到，G4結構形成於染色體的端粒及其他區段。這些形成G4的序列很多位在基因的轉

錄啟動區，很可能和基因的調控有關。人類有將近半數基因的啟動區都具有可形成G4的序列，包括不少與癌症相關的基因。因此，現在很多實驗室都在積極研究能夠選擇性促成G4或解開G4的小分子和蛋白質（例如能解開G4的DNA解旋酶），希望能有助於防治與基因表現相關的疾病，包括癌症和遺傳疾病。

　　熟悉的華生－克里克雙螺旋只是DNA的代表性結構，DNA不一定會死板地維持那形態。特定的DNA序列在特定情況下會展現不同樣貌，參與特定的生理功能，對物種有利就會保留下來。G4只是其中之一。

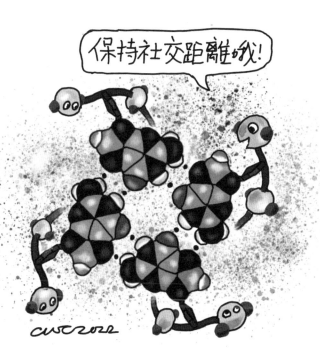

44 殊途同歸的密碼系統

生物學研究的是看起來好像刻意設計的複雜東西。

——道金斯（Richard Dawkins，美國演化學家）

上個世紀生物學最驚人的發現是：遺傳訊息（基因）居然是儲藏在DNA上由四個鹼基單元（A、T、G、C）編碼的序列中。細胞把這些鹼基序列翻譯成胺基酸序列，形成各種蛋白質，在生物體中扮演代謝或結構等各種角色。換句話說，生物有個遺傳密碼系統把蛋白質的胺基酸序列編碼在DNA的鹼基序列中。

如此利用一種特定訊號傳遞另一種訊號的密碼系統，原本只出現在人類發明的通信工具，例如十八世紀的旗語、十九世紀的摩斯密碼和二十世紀的現代電腦。這些密碼系統都是人為的刻意設計。地球上的生物在隨機演化中竟然也發展出一套密碼系統，並通用於所有物種，真是匪夷所思。

電腦科學和遺傳學都起源於十九世紀下半葉，二十世紀開始起飛。DNA雙螺旋和遺傳編碼被發現的時期，電腦的硬體和軟體也發展出完整的基本架構。原本龐大笨重的機械元件被真空管取代，然後進化成電晶體、積體電路。硬體越來越小、速度越來越快、記

憶體容量也越來越大。早期的電腦基本上是專為單一程式設計，要改換程式必須施工改裝機器及線路，非常麻煩。1936年，圖靈（Alan Turing）提出「內儲程式」的觀念，再經馮紐曼（John von Neumann）等人的發展，建立起現代電腦的基本架構。在這個架構中，指令與資料都儲存在機器的記憶體裡；執行工作時才根據需要，從記憶體中擷取特定指令和資料。執行指令的時機可以是預設的，也可以根據情況而定。這樣的設計大幅提高了功能、彈性和安全性，最終成為現代電腦系統的主流。

電腦的資訊是用0和1兩個單元編碼，以1D（線狀）的排列儲存在硬體中；而基因的序列也是以1D的排列，儲存在染色體（細胞的硬體）上。除此之外，二者的資訊都是根據需求而選擇取用，執行的策略也有異曲同工之妙。

當細胞需要執行某一個基因的指令時，它的鹼基序列才會被轉錄到信使RNA（mRNA）上，讓後者在核糖體上轉譯成蛋白質的胺基酸序列；這些蛋白質才在細胞中執行任務。mRNA並不穩定，過了一些時候就會崩解，沒有繼續補充的話，這個基因就算是關閉了。電腦的執行原理也一樣，當它要執行某一個程式或使用某一筆資料的時候，該資訊才會被複製到隨機存取記憶體（RAM）上執行該軟體或處理該資料。RAM上的資訊也是暫時的，隨時可刪去（包括停電）。RAM和RNA上的資訊都是暫時且消耗性的，那些儲存在硬碟和染色體的資訊才具有相對的永久性。這就好像圖書館中的書不外借，只是影印一份可拋棄的副本出借，看完就丟棄。原

始資料盡量完整地維持在原位。

　　電腦這樣的基本作業系統，可不是從分子生物學得到的靈感。圖靈的內儲程式觀念發展遠早於DNA雙螺旋的發現。一個自然隨機演化的結果，和一個人為刻意的設計居然不謀而合，自有它的道理。從後見之明的角度來看，二者共享程式儲存、選擇執行、使用副本的整套機制，非常符合效率和安全的邏輯原則，很難想像有更好的設計。至於生物的終極資訊系統——我們的大腦呢？大腦資訊的儲存和處理機制顯然超越簡單的1D數位系統，真相到現在還是撲朔迷離。

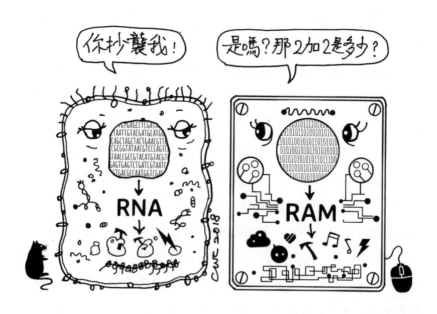

45 蛋白質先，還是RNA先？

現在我們已經開始嚴肅地研究大自然，我們對問題的寬廣，以及我們要開始回答它們所必須走的路程，比較有概念了。

——賈可布（法國分子生物學家）

小時候，爸爸買了一部冰箱。它很原始，只是放一大塊冰在上層，來降低下層食物的溫度，不必插電也無法溫控，你得不時添加冰塊。後來使用壓縮馬達的電冰箱出現，效率提高，可以溫控了。溫控是靠兩條不同膨脹係數的金屬構成的複合棒，隨溫度的變化彎曲來控制馬達的開關。不過這老古董機制現在也沒人用了，取而代之的是微處理器的數位程式調控，除了溫度、燈光、除霜、製冰等功能，近年來物聯網的加入，讓冰箱具備了追蹤與訂購食物、協助烹飪和家庭通訊等高階智能。

冰箱的發展史反映了工業的演化趨勢：最早出現的是單純的硬體，只有基本功能；接下來效率提高，可以類比式調控；最後進入數位式軟體系統，提供多樣的精密調控程式。

生命的起源與演化不也是如此嗎？最早出現的生物效率一定非

常低，且沒有受到什麼調控，後來漸漸發展出更高的效率和更細膩的調控，甚至近乎奇蹟地出現可以反覆使用的遺傳程式（基因）和編碼系統。根據這樣的觀點，我認為生命的起源是先有蛋白質（硬體）才有核酸（軟體），不管是RNA或DNA。

「蛋白質先」的觀點不符合目前主流的「RNA世界」假說。這個假說認為RNA是最早的生命分子，蛋白質和DNA後來才加入。在原始的RNA世界裡，RNA一方面攜帶遺傳訊息，一方面和蛋白質一樣具有酶的功能，不但催化一些生化反應，也催化自我的複製。這假說認為DNA催化能力不足、蛋白質又不能自我複製，應該是後來才加入生命的陣營：DNA比RNA穩定，取代RNA擔當遺傳訊息攜帶者；蛋白質的多樣性和催化能力遠強過RNA，取代絕大部份的催化角色。

所謂「RNA有複製能力」，是指科學家在試管中進行人工演化，可從數量如天文數字般的RNA分子中篩選出特定序列的長RNA（百餘個核苷酸），它們可催化合成一小段互補的多核苷酸（十餘個核苷酸）。合成過程需要RNA分子當模板進行轉錄，並非合成和本身一模一樣的分子，所以這些RNA並不算真正自我複製。

我們已經清楚蛋白質在細胞中如何藉由信使RNA（mRNA）轉譯合成。其實蛋白質也可以不依賴mRNA和核糖體，獨立合成多肽。很多具特殊功能的多肽，例如放線菌素D（actinomycin D）、萬古黴素（vancomycin）、博萊黴素（bleomycin）和環孢素

（cyclosporin），都是由特殊酶系統合成。這些酶系統通常是幾個不同的酶組裝起來，兼具模板和催化兩項功能，把胺基酸依照特定序列連結起來，長度為2~48個胺基酸。自我複製的蛋白質和自我複製的RNA一樣仍未被發現。

　　最早出現的生命分子不太可能會忠實自我複製，它們可能只會合成同類的分子，之後擴大的族群中或許出現相互合成的分子：兩種分子，你合成我、我合成你，一如DNA雙股互補的半保留複製。不過DNA雙股只是互為模板，催化仍需要酶（蛋白質）；互補的蛋白質則是互相擔任酶，來合成對方，藉此達到複製的效果。這樣持續擴大的蛋白質世界，便有潛力出現擁有不同功能的酶，進行各種反應，為核酸的資訊系統鋪路。

　　這只是我觀察冰箱的發展史，引出對幾十億年前生命起源情況的臆想。

46 突變，變、變、變

DNA真正神奇的是，它會稍微出錯。沒有這項特質，我們會依舊是厭氧細菌，而且不會有音樂。

——湯瑪斯（Lewis Thomas，美國醫師與作家）

　　大型動物的壽命一般比小型動物長，公元前350年亞里斯多德就在《論長壽與短命》書中提到這種現象。壽命越長的大型動物成長時細胞分裂越多次，染色體就複製越多次。從現代癌症醫學的角度來看，染色體每次複製都可能突變，突變累積越多會導致癌變，那麼，體型越大的動物罹癌的機率不就會越高嗎？大象不就比老鼠更加容易得癌症嗎？不，事實並非如此，動物罹癌的機率並沒有隨著體型或平均壽命而增加。1977年，英國流行病學家佩托（Richard Peto）就指出這個弔詭。

　　最近有兩篇關於佩托弔詭的論文發表於《自然》期刊。法國蒙特佩利爾大學的文茲（Orsolya Vincze）帶領跨國團隊，觀察各動物園中一共191種哺乳動物（11萬多隻個體），發現癌症死亡率和物種的體型大小以及平均壽命基本上沒有關係，完全符合佩托弔詭。另外，英國威爾康桑格研究所馬丁可瑞納（Iñigo

Martincorena）的團隊進一步直接測量十六種哺乳類的突變率，發現很有趣的結果。

測量動物的突變率並不是簡單的事。馬丁可瑞納等人挑選動物的大腸腸腺（intestinal crypt）做為測量對象。腸腺是腸表皮形成的褶皺結構，這些結構都從一個共同的幹細胞發育出來，發生的突變大多是出於內在因素，因此定序不同年齡的動物中的腸腺細胞，可以估計牠們的突變率。

馬丁可瑞納等人發現腸腺細胞的突變次數隨著年紀直線上升。但是很令他們訝異的是不同動物的腸腺細胞突變率差別很大：以人和老鼠做比較，兩者的基因體大小差不多，但是老鼠每年累積的突變次數是人的17倍（796：47）！馬丁可瑞納等人分析突變率和物種的體重、每窩仔畜數（litter size）、新陳代謝率及平均壽命的相關性，發現和平均壽命最有關係：壽命越長的動物突變率越低，壽命越短的動物突變率越高。這樣的關係讓各物種終生累積的突變次數相差不多，可以解釋各種動物的罹癌率差不多的現象。

讀者或許會質疑：如果突變不好，生物不是應該盡量減少突變嗎？壽命短的小型動物的突變率為什麼會比大型動物高那麼多？我認為關鍵出於「突變不好」這個假設。突變固然對個體的健康不好，但是對物種是必要的。為什麼呢？為了演化！族群必須有變異才能進行競爭和淘汰，變異的產生要依賴突變，所以沒有突變就沒有演化，遲早會被淘汰。突變是演化的驅動力，成功的物種都演化到適當的突變率。小型動物壽命較短，突變率必須較高才能產生足

夠的變異個體，接受演化的篩選。

　　影響突變率的因素很多：除了外來的物理或化學致變劑之外，細胞本身複製DNA的聚合酶精準度，DNA修復系統的數目和效率，更是重要。大型動物通常有比較精確的DNA聚合酶和比較多的修復系統。人類的腫瘤抑制蛋白TP53基因只有一套，大象卻有二十套。雖然體細胞發生的突變，不會遺傳到下一代，但是突變的累積除了會導致癌變之外，也會導致個體的老化凋亡。個體的老化凋亡也是物種演化的重要關鍵：舊的不去，新的不來。

　　突變很討厭，不是嗎？但是沒它就沒我們。

47 窮、變、通的演化

窮則變，變則通，通則久。

——《易經·繫辭下》

有一個傳說：1930年代美國麻州一家鄉間客棧的女主人露絲要烘焙巧克力餅乾宴客，發現平常用的巧克力粉沒了。露絲就把手邊半甜的塊狀巧克力敲碎，和在麵團裡，結果烤出來，餅乾中的巧克力碎片沒有融化，還是一顆一顆的，咬在嘴裡除了巧克力的香濃之外，還多了一份脆感。「巧克力片餅乾」（chocolate chip cookie）就這樣在露絲手中誕生，一炮而紅，成為一項經典。

意外的發明也時常出現於生物演化中，只是演化是完全盲目的。個體隨機發生的突變，常常會失去某種功能，使個體處於劣勢。要恢復競爭力，最直截了當的方法就是讓原來的突變恢復原狀，例如某個基因中的某一個腺嘌呤（A）突變為鳥糞嘌呤（G），導致編碼出來的蛋白質失去了活性；如果在同樣的地方發生一個反向的突變讓G變回A，那就復原沒事了。不過這麼精準的復原機率非常低。通常讓這個基因恢復活性的突變大多發生在別的地方，有點像是負負得正。這樣一處的突變被另一處的突變補償的

現象，遺傳學上稱為「壓抑突變」（suppressor mutation）。

壓抑突變會發生在同一個基因中，也會發生在另一個基因中。發生在同一個基因中的壓抑突變稱為「基因內壓抑」（intragenic suppression），通常是因為這基因所編碼的蛋白質在發生突變的兩個部位有接觸互動，使得原來的缺失剛好被壓抑突變補救起來。還有一種情形是原本的突變刪去一個核苷酸對，壓抑突變在別處加回一個核苷酸對，恢復基因的長度。

發生在另一個基因的壓抑突變稱為「基因間壓抑」（intergenic suppression），花樣很多，最簡單的例子是：兩種不同的蛋白質在結構上有互動（例如同是一個酶的次單元），使得一個蛋白質的突變可以被另一個蛋白質的突變補救。另外，基因間壓抑常用來補救代謝途徑，亦即一條代謝途徑發生突變後壞了，可能藉由另一個突變啟動另一條補救的途徑，像是這個例子：細胞代謝「糖A」時，會先轉化為B，再轉化為C。中間產物B有毒，但是它很快就被轉化成無毒的C，所以不造成傷害。如果催化B到C的酶發生突變，B累積多了就會毒死細胞。要避免被毒死的話，除了復原突變的酶之外，也可以讓催化糖A到B的酶突變，阻止B的產生。不過這個壓抑突變的代價是細胞從此不能代謝糖A。

壓抑突變在表面上可能看不出顯著的改變，但是實質上細胞中有兩個基因已經改變，甚至代謝途徑也可能改變。不論是好是壞，新的變種已經踏上一條新的演化途徑，接受新的挑戰。這樣的演化稱為「補償式演化」（compensatory evolution）。在演化歷程中，

補償式演化能快速提高族群的多樣性，扮演重要的驅動力。

　　研究形形色色的壓抑突變，讓科學家窺視到很多基因間和代謝路徑間的互動關係，甚至進一步發展成新的醫療技術。根據壓抑突變的原理，我們可以預期在具有不同遺傳背景的族群中，同一個突變可能會產生不同的效果。從人類基因體序列資料庫的分析和統計中，我們確實看到有些人雖然攜帶嚴重的致病突變，但是卻沒有發病，顯然他們的基因體中其他某些位置有一個或多個紓解這致病突變的壓抑突變。現在有一些實驗室正在往這方向研究，希望找到新的基因醫療途徑，用壓抑突變來治療某些遺傳缺陷。

48 活化石的演化

豈造物者有意於其間乎？將胚渾凝結，偶然成功
乎？然而自一成不變以來，不知幾千萬年，或委
海隅，或淪湖底……

——白居易，〈太湖石記〉

　　棲息在臺灣西部海邊的三棘鱟（*Tachypleus tridentatus*）
曾經瀕臨絕跡，幸好近來由研究團隊、地方政府和志工們的努
力，保育已有起色。目前全球僅存四種鱟：除了三棘鱟之外，
東南亞的海邊還有南方鱟（*Tachypleus gigas*）和圓尾鱟（*Car-
cinoscorpius rotundicauda*），北美大西洋海邊有美洲鱟（*Limulus
polyphemus*）。鱟類在4.8億年前的古生代奧陶紀就出現，熬過四
次物種大滅絕，而同時代的動物大多數已經滅絕或演化成不同的形
態，但是鱟卻一直保留牠們原始的模樣，看起來就像祖先的化石，
所以贏得「活化石」的稱號。

　　鱟類屬於蛛形綱劍尾目的節肢動物。現存四種鱟的形態都很
像，同物種的個體之間變化也很有限。不過牠們和現存的親屬物種
（例如同屬蛛形綱的蜘蛛、蠍、蟎、蜱等）長得都很不一樣。像鱟

這樣遠古時代普遍存在，相似的同類都已滅絕，自己孤單地殘存的生物，被稱為「孑遺生物」。

不過，我們如果說鱟類歷經4.8億年都沒演化也不對，因為所有的物種都不停在突變和演化，即使活化石也不例外。鱟之所以維持著祖宗的外形，應該只是因為這種形態一直很適合牠們在棲息的生態中生存和競爭。

近年來，四種鱟的基因體序列都被定出來。我很好奇這些基因體序列的分析能否提供一些鱟類的演化線索，特別是為什麼牠們如此像老祖宗。從四種鱟的基因體序列的比較可以看出，牠們大約4.36億年前就開始從一個共同祖先分歧演化。

科學家透過分析一些重複出現在不同染色體的關鍵性基因群，推論鱟在演化過程中曾經發生兩次或三次的「全基因體重複」事件。全基因體重複就是細胞分裂過程中，複製完畢的兩套染色體沒有分離，都留在同一個細胞裡，形成染色體數目加倍的多倍體。在漫長的演化過程中，多出來的基因拷貝大多會發生突變而損壞或消失，少數存留的基因可能因突變獲得新功能。這些新基因如果幫助個體在環境中競爭成功，就和個體一起踏上成功之途，所以全基因體重複是產生新基因的重要機制。

全基因體重複在植物的演化很普遍，脊椎動物（包括人類）也常見，然而無脊椎動物卻很少見。照道理，全基因體重複應該會為鱟類帶來不少新的基因。現存四種鱟的基因體之間的確存在相當大的差異，但是這些差異顯然沒有成功塑造出形態差異。我想這些新

基因主要改變的都是內在生理代謝，讓四種鱟成功度過數億年的天擇窄路，存活到今日；其間或許曾經出現過外型改變的變種，但是這些變種可能都不敵生態中的生存競爭，被淘汰掉。可惜化石無法保留個體的生理和化學狀態，無法讓我們分析鱟類體內基因和代謝的演化。

四種鱟的基因體都相當大，介於15~23億核苷酸對之間，染色體數目則在13~26對之間。與其他蛛形綱物種比較起來，鱟類基因體的演化速率似乎特別慢，這或許和牠們外型的保守有關。活化石演化的確切過程，還有待揭曉。

PART 5

生命的延續與互動

「生物的演化將讓路給更快速的步驟：科技的演化。」

演化的方向從來都無法準確預測，也無法阻擋，

科技文明的演化更是如此。

真實世界的前景變化難測。

演化本身，也不停地在演化。

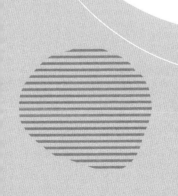

49 連鎖反應的威力

如果我線性地走30步，我達到30。如果我指數般地走30步，我達到10億。

——庫茲維爾（Ray Kurzweil，美國發明家）

曾幾何時，「PCR」這生物技術名詞隨著新冠病毒傳遍全世界，幾乎人人琅琅上口，短短一兩年內快超越「DNA」了。一般人雖然不清楚它的原理，但是都知道它是檢測病毒的法寶。它雖然比免疫檢測法慢且貴，但是它最準確、最靈敏，只要檢體中有絲毫病毒的存在就很難逃過它的偵測。它說了算。

PCR的發展已經有四十多年歷史。它的全名是「聚合酶連鎖反應」（polymerase chain reaction）點出了它的機制，它用DNA聚合酶反覆催化DNA複製：每一循環就加倍，把1個DNA分子複製成2個分子；這2個分子在下次循環再複製成4個分子……這樣連鎖放大下去，一直到聚合酶或反應物質不夠了為止。

新冠病毒的基因體是RNA，進行PCR之前要先把RNA反轉錄為DNA。在理想的情況下，DNA經過10次PCR循環就可以放大約1000（2^{10}）倍，再10次循環就放大約100萬（2^{20}）倍！這等比級

數的放大作用就是連鎖反應的威力，讓樣本中原本難以測得的微量DNA，放大到可以（以靈敏的螢光技術）偵測到。

當樣本中的DNA越少，需要進行越多次循環才能達到偵測門檻；DNA越多，需要進行的循環次數就越少。達到偵測門檻所需要進行的循環次數，稱為循環閾值（cycle threshold, 簡稱Ct）。Ct值越高，樣本中原有的DNA越少。Ct值差1，原有DNA數目差2倍；Ct值差10，原有DNA數目差約1000倍。如果感染新冠病毒的患者檢驗到的Ct值是30，代表病毒的核酸放大了10億（2^{30}）倍才偵測到。病毒量降低到如此少，就可以考慮讓患者解除隔離。

病毒在人與人之間的傳遞也是連鎖反應。流行病學把一名患者在一段時間中，造成次級感染的平均數目稱為有效傳染數（effective reproductive number, 簡稱Rt）；也就是說在這段時間內患者的數目以Rt的倍數放大。Rt是疫情擴散嚴重程度的指標。疫情剛爆發的時候，除了首位患者之外，每一個人都是潛在傳播對象，這時候的Rt最高。當疫情發展一段時間，宿主族群有了抗體或者採取有效的預防措施（例如戴口罩或接種疫苗）之後，Rt開始下降。Rt下降到小於1之後，新增病例數少於病程結束的人數，病例總人數會逐漸減少，疫情才算控制住、開始趨緩甚至消失。

病毒在宿主體內的感染傳播也是連鎖反應。假設一顆病毒感染一個宿主細胞後，釋出10個子代病毒；如果附近有充份的宿主細胞，這10個新病毒就可能感染10個細胞；如此以10的倍數放大下去，直到缺少可感染的細胞，或者宿主啟動免疫等防禦機制。

比PCR更早聞名於世的連鎖反應技術是原子能核子反應：一個核反應帶動至少周邊兩個核反應，再進一步帶動其他的核反應，以指數型式增長下去。期間發生的質能互換，由愛因斯坦於1905年發表的觀念 $E=mc^2$ 計算出來，不過單一原子產生的能量很少，要等到1933年物理學家西拉德（Leo Szilard）提出核子連鎖反應的觀念，核能的應用才得以實現。PCR則在50年後才由生物學家穆利斯（Kary Mullis）提出。

50 病毒捉迷藏

沒殺死我的，使我更堅強。

——尼采（Friedrich Nietzsche，德國哲學家）

1944年，量子力學大師薛丁格發表《生命是什麼？》這本書，從物理學家的角度看遺傳學。他說基因很奇怪，因為X射線誘變果蠅的研究顯示基因是單分子，依據熱力學，單分子應該會不太穩定，但實際上基因非常穩定，歷經長久的世代相傳都不易改變。他覺得這項物理學無法解釋的弔詭，背後隱藏著新的定律（參閱第18篇）。

薛丁格的論述激勵了很多科學家（特別是物理學家）加入基因的研究，擁抱發現物理新定律的美夢。經過半世紀的分子生物學熱潮，終於揭開基因的面紗，但是面紗後面並沒有什麼弔詭，基因的特質完全可以用物理學和化學解釋；DNA、RNA和蛋白質的運作都沒有憑藉什麼神祕的力量。

那該如何解釋薛丁格所提出的弔詭呢？他的論點基礎是對的，基因的確是單分子，具有特殊序列的DNA也確實很穩定，但是基因的穩定性並不依賴特殊的物理原理；而是運用細胞中的維護系統

來保護DNA序列。

　　首先，負責複製DNA的DNA聚合酶有很高的準確性，它配對鹼基出錯的機率小於 10^{-7}。很多DNA聚合酶還具有校對功能，會一面複製、一面檢查有無出錯；如果檢查到錯誤就回頭消除它，重新來過。僥倖逃過校對的錯誤或環境造成的DNA傷害，細胞也有其他機制修復它們：直接修正錯誤的化學結構，或以正確的核苷酸取代，或以重組的方式修正。這些修復機制讓整體錯誤率下降約100倍到 10^{-9}。

　　感染人類的病毒的基因組大都是RNA，不是DNA。一般RNA病毒是用本身製造的RNA聚合酶複製基因組，反轉錄病毒則是先用反轉錄酶把RNA反轉錄成DNA，插入宿主的染色體之後，再轉錄回RNA。不論是哪一種，催化這些反應的RNA聚合酶和反轉錄酶都沒有校對功能。複製完的RNA即使有錯，也無法使用宿主的DNA修復系統修正。如此一來，RNA病毒的突變率大約是DNA病毒的100倍。RNA病毒的基因組大都是單股的，而單股RNA有一個特殊之處，就是比起雙股RNA，它上面的胞嘧啶（C）很容易發生自發的去胺反應轉變成尿嘧啶（U）。因此單股RNA病毒的突變率通常又比雙股RNA病毒更高。

　　物種發生突變往往造成個體競爭力下降或死亡，所以突變率太高通常對物種不利。為了降低突變率，生物需花費很多能量和資源進行修復，間接降低了基因組複製的速度。在這取捨之間，物種各自演化出適當的平衡，找到自己的出路。總之，突變率也是演化的

一個重要因子。

　　高突變率對大量繁殖又快速擴張的病毒來說，不太會帶來滅絕危機，反而是一種優勢，可幫助病毒對抗環境的篩選壓力，特別是來自宿主的免疫反應。最顯著的例子是流行性感冒病毒的「抗原性轉變」。免疫系統辨識的抗原是病毒的表面蛋白，而流感病毒的表面蛋白基因很容易累積突變，改變胺基酸序列和蛋白結構，而避開宿主先前發展出的免疫防線。也因為如此，我們每年都要預測下一季的流感病毒會如何改變，並根據預測發展新疫苗，就像和病毒玩捉迷藏。

　　如果薛丁格當年看見的是這些病毒基因的高突變率，可能就不會覺得弔詭了。

51 抗病毒的門路

在任何精密儀器中做隨意的改變，很難期望會改進它。

——杜布藍斯基（Theodosius Dobzhansky，美國遺傳學家與演化學家）

　　我的博士論文研究對象是感染大腸桿菌的病毒，也就是噬菌體。噬菌體是分子生物學開創期的研究寵兒，容易大量培養，感染宿主的週期很短，大多不到一小時，很方便做為研究對象。

　　一開始，科學家就發現細菌族群會出現抗噬菌體的突變株。在實驗室中把細菌和噬菌體混合塗抹在培養基上，第二天會發現培養基上絕大部份的細菌都死掉，偶有一些沒被殺死的細菌長成一個一個的菌落。這些存活的細菌通常都是對噬菌體有抗性的突變株，出現的頻率在百萬分之一上下。

　　這些抗性突變，很多都和細菌表面上的噬菌體受體有關。噬菌體進行感染時，是藉由辨認並附著到特定的受體，才得以侵入細胞。各類噬菌體有特定的受體，它們可以是蛋白質、多醣、脂多醣、纖毛或鞭毛。這些受體一旦因為突變而改變了構形或完全喪失，讓噬菌體不得其門而入，這些突變株就不會被該噬菌體感染。

不過受體原本都具有特定的功能，例如大腸桿菌外膜上的 λ 噬菌體受體LamB，本身是甘露糖傳遞系統的一部份，幸好LamB的突變對細菌並無大礙。

人類是否也有可以阻擋病毒入侵的突變呢？現在確知的這種突變只有兩個例子。第一個例子是抵抗人類免疫不全病毒（HIV）的突變。HIV發病早期出現的R5型的入侵媒介，是免疫細胞表面的CCR5蛋白。不少人（尤其是歐洲人）的*CCR5*基因有短少32個鹼基對（△32）的突變，無法製造完整的CCR5蛋白。兩套*CCR5*基因都攜帶△32突變的人，對HIV抵抗力很強；攜帶一套突變以及一套正常*CCR5*的人，也比一般人有抵抗力。第二個例子是有一種*FUT2*基因的突變，可以使人抵抗諾羅病毒（norovirus）入侵。*FUT2*編碼的岩藻糖轉移酶負責把岩藻糖加到腸細胞的外膜上。沒有這個修飾，病毒入侵就很困難。

現在肆虐全球的新型冠狀病毒（SARS-CoV-2，簡稱新冠病毒），人類會有抵抗它的基因變異嗎？新冠病毒的受體是細胞表面的第二型血管收縮素轉化酶（ACE-2）。可以因為ACE-2突變壞掉，而讓病毒無法入侵嗎？這個期待註定落空，因為ACE-2很重要，它調節血壓並維護肺組織。沒有它或許可以抵抗新冠病毒，但健康會很有問題（不像攜帶*CCR5*△32突變的人，基本上完全正常），所以發生這樣突變的人很容易在演化中被淘汰。我們可以說新冠病毒比較刁鑽，選擇了一個我們人類很難關閉的入侵門路。

或許比較可以寄望的是發生在ACE-2之外的突變，不阻擋新

哇,門都沒了!

冠病毒的入侵,卻可以降低病情或者不發病。2021年,美國加州大學舊金山分校霍倫巴赫（Jill Hollenbach）的團隊分析1428名確診者的人類白血球抗原（human leukocyte antigen, 簡稱HLA）基因型,發現*HLA-B*15:01*型者感染新冠病毒後多半沒有症狀。他們認為*HLA-B*15:01*在感染早期就有活化免疫T細胞的能力,馬上攻擊病毒,降低病情；*HLA-B*15:01*要具有這提早攻擊新冠病毒的抗性,宿主似乎必須曾經被其他種冠狀病毒感染,而大部份的人多少都曾患過一般的冠狀病毒感冒。霍倫巴赫估計,大約每十人就有一人帶有*HLA-B*15:01*變異；果真如此的話,幸運者還不少！

52 細菌的悄悄話

要成為好講者的法則只有一條：學習聆聽。

——莫利（Christopher Morley，美國作家）

　　日本料理有一道是我很愛吃的螢光烏賊。這些小烏賊來自日本富士灣，大部份時間生活在深海中，只有每年3~6月，才集體漂游到淺海產卵。夜間牠們發出的螢光讓漁民很容易打撈。

　　螢光烏賊發出的螢光來自共生的費氏弧菌（*Vibrio fischeri*）。這些細菌聚集在烏賊體內的小發光體中，濃度高達每毫升10^{10}個。細菌胞內的冷光素酶（luciferase）利用三磷酸腺苷（ATP）催化反應，激發螢光，透過發光體的晶體，往海底方向投射。有人認為烏賊在夜晚從沙中出來覓食時，螢光會模擬灑在海面的月光，可以逃避下方敵人的注意；我覺得螢光也可能幫助烏賊在黑暗中相認。

　　剛孵化的小烏賊，體內沒有費氏弧菌，要從海水吸取細菌到體內。海水中含有成熟烏賊所排出，低濃度的弧菌。成熟烏賊每天早上排出大約95%的弧菌，到中午體內的弧菌大致恢復原來的濃度。而小烏賊體內和海水中的弧菌濃度都很低，不會發螢光；因為弧菌要繁殖到高濃度後，才會製造冷光素酶。依據族群密度採取特

定反應的「數量感應」（quorum sensing，又稱群聚感應），是社會動物常展現的本能，就如同野狼面對強大獵物時，通常會聚集到相當數量後才發動攻擊；同伴少就不行動。

費氏弧菌不像野狼能依賴視聽嗅覺感應同伴的存在，它們依賴自體誘導物N−醯基高絲胺酸內酯類（AHL）。AHL在細菌胞內合成，可分泌到胞外；烏賊發光體的弧菌密度高，弧菌胞外的AHL濃度也高，有利於AHL回流到弧菌胞內，胞內的AHL累積到一定濃度時，就激發冷光素酶的合成。弧菌密度低時，胞內無法累積AHL，就不產生冷光素酶。

這協調團體行為的數量感應把戲，很多細菌都會玩。例如霍亂弧菌（*Vibrio cholerae*）會製造一種3,5−二甲基吡唑3−醇（DPO）的自體誘導物，在個體間進出。族群密度高到一個程度，DPO累積到一定濃度，就啟動特定基因來合成致病的病原性因子與生物膜。這些細菌產生的自體誘導物就好像是「體味」，同伴們互相嗅聞。有趣的是這些「體味」也會被狡猾的噬菌體偷聞。例如，感染霍亂弧菌的溫和型噬菌體VP882，它感染宿主後可以選擇裂解途徑，殺死宿主，複製並釋出大量子代；也可以選擇溫和路線，潛伏在宿主中，與宿主一起共存，等到適當的時機再走裂解途徑。它如何決定裂解或潛伏呢？訣竅就是去「聞」宿主的DPO。如果DPO濃度高，表示外頭宿主多，它就會進行裂解，出去獵食；如果DPO濃度低，表示外頭宿主少，它就按兵不動，見機行事。

有些噬菌體會經營自己的數量感應。例如感染枯草桿菌的溫

和型噬菌體SPbeta，它會在宿主中製造抑制裂解途徑的訊號寡肽arbitrium。arbitrium會自由進出宿主細胞。當附近很多宿主都感染SPbeta時，潛伏的SPbeta就會感應到高濃度的arbitrium，顯然外頭可感染的宿主不多了，還是待在裡頭，不要出去。

像狼和弧菌這類「社會性生物」都是利用數量感應協調族群行為，發揮團結力量。噬菌體不但自己進行數量感應，還會駭入宿主的感應系統，調整戰略。

好講者，也是好聽者。

53 信使奇兵

對於人類在這個星球上的持續稱霸，唯一最大的威
脅是病毒。

——賴德堡（Joshua Lederberg，美國分子生物學家）

　　這是史上發展最快的疫苗！傳統疫苗從病毒取樣、製造，到上
市，最快也要四年多；然而新冠肺炎肆虐全球才將近一年，大家盼
望的疫苗就出現了。輝瑞-BioNTech及莫德納（Moderna）生技公
司研發的新疫苗當時都得到緊急使用授權。

　　疫苗的主要任務是警告我們的免疫系統，讓它知道某種病原體
可能入侵，要開始擴軍備戰。傳統病毒疫苗使用的材料是減毒或無
害的病毒，或只是病毒的外殼蛋白質或醣分子。這些物質打入人體
後成為有效的抗原，激發免疫系統，產生對抗它們的抗體和免疫細
胞，準備對付未來入侵的病毒。

　　然而這兩支新疫苗卻使用了不同於以往的材料：信使RNA
（messenger RNA, mRNA）。mRNA是細胞依據DNA上基因的核
苷酸序列轉錄下來的RNA分子，在細胞質中，核糖體會把mRNA
轉譯成特定胺基酸序列的蛋白質，進行特定的生化功能。「信使」

的稱號就是指mRNA在傳達遺傳訊息中扮演的角色。

新冠肺炎疫苗中的mRNA是根據病毒表面棘蛋白的S基因設計，先化學合成DNA模板，然後在試管中用RNA聚合酶進行轉錄並做特殊修飾。最後的mRNA成品用奈米脂肪粒小球包裝保護，注射入人體，在血管中會被專職抗原呈遞的樹突細胞吞噬。從小球釋出的mRNA在細胞中被轉譯成棘蛋白，然後呈遞到細胞表面，成為讓免疫系統辨認的抗原，激發免疫反應。這就好像把人體細胞當做生產抗原的工廠，不需要像傳統疫苗那樣在工廠進行繁複的步驟，省去很多時間。

利用核酸做為治療藥物和疫苗的相關研發，至少有二十五年歷史，累積了相當成熟的結果，這次遭遇新冠病毒危機剛好派上用場。巨額的公眾與私人資金紛紛投入，更讓藥廠有充份財源一面製造、一面進行各期臨床試驗，大幅縮短時程，讓疫苗快速上市。

mRNA疫苗需要低溫保存，因為RNA很不穩定，比蛋白質和DNA都差。RNA的核糖比DNA的去氧核糖多了一個氧，使它容易水解；且細胞內外都有分解mRNA的酶，隨時會攻擊它。疫苗的mRNA在試管中用DNA模板轉錄的時候，除了要攜帶基因本身的編碼和前後不被轉錄的序列，5′端還要用酶加上特殊修飾過的G「帽子」；3′端也要加上適當長度的poly(A)（連續的腺嘌呤，直接設計在DNA模板，或轉錄後再用酶加上）。這些修飾可加強mRNA在細胞中的穩定性及轉譯效率。

以mRNA做為疫苗在安全上有不少優勢。首先，mRNA沒感

染性，也不會進入細胞核，不會插入染色體；其次是製程單純，完全不接觸到病原體或動物成份；此外，mRNA的輸送不必接上載體，也不需佐劑，不會有過敏或副作用等問題。

mRNA疫苗長期的安全性和效力有待觀察。新冠病毒不像流感病毒那麼多變，但還是會突變，例如之後出現了感染力更強的棘蛋白突變，很多人害怕這類突變會使mRNA疫苗失效。大部份專家認為不會，棘蛋白長達1273個胺基酸，它所激發的多種抗體會辨識棘蛋白上很多不同的位置；少數胺基酸的改變即使有影響，也不會太大。此外必要的話，mRNA平臺也很容易根據突變棘蛋白的序列更改設計，快速生產出對應的新疫苗。

信使奇兵若立下大功，未來就可對付其他病原體和非感染性疾病（例如癌症）。這技術平臺也引人好奇，是「教科書之外」的好教材；老師們可要好好把握！

54 遺傳分子的敵我辨識

所有的科學都建築在其他科學之上。

——蘭格（Robert S. Langer，美國生物工程家）

　　新冠肺炎的mRNA疫苗（參閱第53篇）使用的材料是人造的信使RNA。這段mRNA攜帶病毒表面棘蛋白的基因序列，進入人體細胞之後，鹼基序列會讓核糖體轉譯出棘蛋白，呈遞到細胞表面，扮演抗原的角色，激發人體的免疫反應。這前景看好的疫苗平臺有一項不太為人所知、但不可或缺的幕後技術，就是mRNA上的核苷（鹼基＋核糖）攜帶特殊的「修飾」。這些修飾不影響轉錄的忠實度，但是可以讓mRNA逃避人體先天免疫系統的攻擊。

　　外來（包括來自細菌和病毒的）RNA進入人體時，通常會被先天免疫系統視為入侵物，進而啟動防禦機制，包括產生干擾素、激發周圍未被感染的細胞合成抗病毒蛋白，來阻擋病毒擴散，並且產生可能傷身的發炎反應。

　　可是人體本身的細胞內外到處都有RNA，卻不會引起免疫反應（除非有免疫病變）。這讓科學家很納悶：一樣是RNA，為什麼自身的不會激發免疫反應，外來的就會？原來是人體的RNA分

子上有很多特殊的修飾，這些修飾讓免疫系統識別它們是自家人，不對它們有所反應；外來的RNA沒有或只有很少的修飾，就會被當成外人，引起免疫攻擊。

哺乳類的mRNA在轉錄後通常會在特定鹼基加上多種（超過百種）修飾，最常見的就是鹼基第五位置加甲基的5-甲基胞嘧啶（5mC）、第六位置加甲基的6-甲基腺嘌呤（6mA）、轉向的假尿嘧啶（Ψ）、第一位置加甲基的1-甲基假尿嘧啶（1mΨ），還有核糖第二位置加甲基的修飾等等。這些修飾不會改變轉譯的忠實度，卻會增強mRNA的穩定性和轉譯效率。它們也是免疫系統識別的標誌：有這些修飾的是友人，沒有的是敵人。

細菌的mRNA上基本上都沒有修飾。少數病毒的RNA有修飾，具偽裝效果，例如登革熱病毒RNA的核糖和鹼基就有甲基化的修飾，能躲避先天免疫的監視。2005年，美國賓州大學的卡里科（Katalin Karikó）與衛斯曼（Drew Weissman）的研究室合作，嘗試在試管中進行轉譯反應，把核苷酸前驅物中的尿嘧啶用Ψ取代，這樣合成的mRNA就攜帶著修飾的鹼基。這mRNA接種到小鼠體內，免疫反應就顯著下降，轉譯效率也增強了。之後，他們和其他研究室測試以不同修飾的鹼基（包括5mC和6mA）合成mRNA，都有好的成效。現行的mRNA疫苗就都攜帶著修飾的鹼基。

和RNA一樣，外來DNA也會引起免疫反應，但人體DNA有修飾，可以避開攻擊。人體DNA最常見的修飾是5mC，是DNA複

製後用酶把甲基加在胞嘧啶。5mC通常出現在鳥嘌呤（G）前，這樣的5mCG單位常常參與基因的調控，是重要的表觀遺傳機制，也是免疫系統辨識的標誌。入侵的DNA沒有5mCG，便會受到免疫系統攻擊。

用核酸上的修飾來辨識敵我的機制，早就在細菌演化出來。大約1/4的細菌都擁有一套或多套的「限制與修飾」系統。每一套都包含一個限制酶和一個修飾酶，能辨識同樣的標靶序列（通常四到八個鹼基對）；限制酶切割它們、修飾酶修飾它們，在特定鹼基加上一個甲基。修飾過的序列就得到保護，不會受到限制酶切割。外來（包括噬菌體）DNA上的標靶序列通常沒有這樣的修飾，就會被限制酶攻擊。

這兩種敵我辨識系統都在生物醫學上立了大功：核酸免疫反應的知識讓我們提升mRNA疫苗的穩定和效力；限制酶則早已是基因工程中編輯DNA的要角。

55 · 不勝酒力的病毒

葡萄酒裡有智慧，啤酒裡有自由，水裡有細菌。

——富蘭克林（美國博物學家及開國元勳）

　　歷史上，原始人很早就在野外發酵的水果和穀類接觸到酒精
（乙醇），被它對神經的麻醉效應所迷住。後來人類開始釀酒，到
了一千多年前又發展出蒸餾高濃度烈酒和乙醇的技術。高濃度的乙
醇除了讓人類感受更強烈的神經效應之外，還帶來一些其他用途，
包括燃燒、溶劑、清潔和消毒等。

　　乙醇的多功能是來自於它的低毒性和物理特性。它的分子
（C_2H_5OH）一端是疏水（非極性）的乙基（C_2H_5-），另一端是親
水（極性）的羥基（$-OH$），因此可以和疏水的有機溶劑相溶，
也可以形成氫鍵而與水相溶。這「兩親性」（amphiphilic）和肥皂
及清潔劑一樣，但是較為溫和。這些兩親性分子在水溶液中會破壞
生化物質的結構。以蛋白質為例，它長串的胺基酸（多肽）能摺疊
成特定結構，是依賴很多非共價鍵的作用，包括親水性胺基酸之間
的氫鍵，以及疏水性胺基酸之間的相吸引。酒精一方面會搶著和親
水性胺基酸形成氫鍵，破壞它們之間原有的氫鍵和離子鍵，另一方

面又會搶著結合疏水性胺基酸，破壞內部原有的疏水性核心，結果就使蛋白質失去自然的結構和活性（亦即「變性」）。酒精濃度夠高的話，還會讓蛋白質凝結沉澱。相同的道理，高濃度的酒精也會沉澱DNA和RNA。

這種會讓蛋白質變性的特性，使酒精成為很棒的消毒液，特別在新冠病毒帶來全球瘟疫的當頭，到處都有人使用酒精液消毒。

公衛專家特別強調消毒液的酒精體積濃度（v/v）要75%左右最好。一般蒸餾純化的酒精可以達到95%濃度，市面上也常見到。有好奇心的人會問：為什麼不用95%的酒精呢？酒精濃度更高不是更好嗎？這問題我從前在實驗室研究細菌的時候就常出現。

指導教授說：酒精接觸到細菌時，會使細菌的蛋白質變性；夠多的蛋白質變性，細菌就會死去。如果使用的酒精是95%或100%，細菌表層的蛋白質全都變性，凝固起來，反而形成一層保護罩，阻擋更多酒精進入。如此一來，細菌就可能只是暫時休眠，沒有死去，等到酒精消失（例如蒸發）後，細菌就復甦過來。假如一開始使用的酒精濃度只有75%，也就是還有25%的水，細菌表層的蛋白質不會完全凝固，仍然留下空隙讓酒精繼續進入內部，就可達到殺死細菌的效果。

更有心的讀者會問：你是在說酒精如何殺死細菌，不是殺死病毒啊？病毒不同於細菌，而且種類繁多，殺病毒還是用75%的酒精最好嗎？

問得好。病毒的結構花樣確實多很多，對於酒精的敏感度也不

同。外殼裹著由蛋白質和脂質組成的外套膜的那一類病毒（包括冠狀病毒和流感病毒）比較怕酒精。我看到美國賓州州立醫學院的一份研究報告，顯示95%的酒精對物體表面的冠狀病毒有90~99%的致死率；但是只要接觸60~80%的酒精15秒鐘，就有高於99.99%的致死率。

　　有朋友就問我，那麼高粱酒能不能殺新冠病毒？我查了一下高粱酒的酒精濃度，從38%到63%都有。哇，高酒精濃度的高粱酒應該也可以當救急（但是奢侈）的消毒液。不過，用喝的可沒效，因為新冠病毒入侵的途徑不是食道。

56 同類競斥，其極何在？

不可勝者，守也；可勝者，攻也。守則不足，攻則
有餘。

——《孫子兵法》

我從我研究的細菌上領悟到一些生命的道理。

剛從美國學成返臺時，我在一家公司主持工業微生物的菌種改良計畫，開始接觸一類像真菌一樣長菌絲的細菌，叫做鏈黴菌。鏈黴菌非常有趣，我後來轉到大學任教，就繼續研究它們直到退休。

很多人沒有聽過鏈黴菌，但是它們非常重要，是土壤中分佈最廣、數量最多的微生物，在土壤有機物的循環扮演極重要的清道夫角色，分泌很多分解酶、消化各種動植物的屍體和廢棄物。可以說沒有鏈黴菌的話，我們的環境會惡臭無比。我們常說的泥土的芳香，也是鏈黴菌散發的「土味」。

雖然如此，鏈黴菌最受人類重視的其實是它們驚人的抗生素產能。我們已知的數千種抗生素中，大約有2/3是鏈黴菌所產生的。例如鏈黴素、紅黴素、萬古黴素等字尾是「黴素」（-mycin）的抗生素，都出自於鏈黴菌。一般的鏈黴菌種都會合成好幾種抗生素，

最多可達三十多種。分泌這麼多抗生素到土壤中，目的是什麼呢？

　　鏈黴菌用抗生素對抗土壤中的競爭者。它們最主要的競爭者是其他細菌，包括同屬的鏈黴菌，因為同類的物種最可能競爭同樣的資源、食物、空間。鏈黴菌製造抗生素要殺這些同類，當然也會殺自己。

　　回頭想想，人類最強的競爭者就是人類，怪不得人類最犀利的武器（槍砲、生物和化學武器、核武）都是為了對付其他的人。人類的槍砲瞄準敵人，不打自己，但是毒氣會隨著空氣散播，施放者必須戴著防毒面具自保。同樣地，釋放病毒者也要自己打疫苗或服藥來抵抗感染。鏈黴菌釋放的抗生素在環境中擴散，也沒有方向性，會傷敵人也傷自己。怎麼辦呢？原來製造抗生素的鏈黴菌都有抵抗的機制，當它啟動製造抗生素的基因時，也啟動抗性基因，製造抵抗抗生素所需的蛋白質。這些抗性蛋白質有的會快速把抗生素排出細胞外；有的會修飾細胞內的抗生素，讓它暫時沒有毒性，直到排放時才移去修飾產生毒性；有些則是修飾細胞內會被抗生素攻擊的目標，因此得以免疫。這類防禦機制，就像是施放毒氣的人戴防毒面具，或者施放病毒的人打疫苗一樣。

　　一般非鏈黴菌的細菌就大概都沒有這些抗性基因，無法抵抗抗生素的傷害。但是在漫長的演化過程中，生物之間會交換一些基因；鏈黴菌的抗性基因也會流散出去，被某些細菌「撿」去用。撿到抗性基因的細菌和它們的後代，就可以抵抗特定的抗生素了。有些抗性基因甚至「跳」到在細菌之間到處流動的遺傳載體上，使得

抗性基因快速散播到各種細菌。在我們廣泛使用抗生素治病的醫療環境，開始出現攜帶很多抗性基因、能夠對抗多種抗生素的「超級」病原菌，人類也被迫繼續不停地尋找更新、更有效的抗生素。

　　人類與病原菌之間無止境的軍備競賽，為的是生存競爭，天經地義。人與人之間的大規模毀滅性軍武競賽卻超越了生存競爭，是建築在人性貪婪和意識形態上的非理性行為。身為智能最高的人類，無限制的殺戮是我們的宿命嗎？我們為什麼會走到這個地步？我們什麼時候才會覺悟？

57 敵人的敵人

我的敵人的敵人就是我的朋友。

——古拉丁諺語

　　病毒是很厲害的傢伙，感染細菌的病毒（噬菌體）更是特別厲害。它們入侵宿主，就開始複製，通常幾十分鐘後就打破細菌，釋出數十到數百個子代，繼續侵略感染，效率非常高，所以它們是地球上數量最多的生物類，遠超過它們的宿主細菌。

　　噬菌體的英文名稱bacteriophage是法國巴斯德研究所的微生物學家德雷勒（Félix d'Hérelle）取的，「phage」源自希臘文，是「吞噬」的意思。1917年，年德雷勒從痢疾病人的糞便中分離出噬菌體，發現它們能夠穿透陶瓷過濾器，把培養的細菌群「吃」掉。他還發現病人痊癒時期噬菌體的數量大幅增加，彷彿它們是病人康復的因素。當時他就興起利用噬菌體消滅病原菌的念頭。

　　1919年初，德雷勒將想法付諸行動，他用雞糞中分離出的噬菌體成功治療了雞隻的斑疹傷寒。同年他更進一步利用會攻擊痢疾桿菌的噬菌體治癒一名痢疾病人。他和實習醫生先試喝噬菌體，證實沒有毒害，再讓病人喝。德雷勒事後說：「他的腸道就像我的試

管，痢疾桿菌在它們的寄生物作用下溶解掉。」那個時候抗生素還沒有問世，第一個抗生素青黴素的發現還要再過九年。

德雷勒的冒險性醫療行為受到不少質疑和責難，不過也引起歐洲一些醫生和科學家的興趣，開始加入，形成風潮。第二次世界大戰時期，無法取得青黴素的德國、俄羅斯和日本的軍方都曾經採用噬菌體治療病患；西方國家因為青黴素的成功，對噬菌體治療興致索然。戰後蘇俄繼續積極研究改進噬菌體治療技術，但是由於冷戰的關係，他們的研究成果大都沒翻譯到西方，要等到病原菌對抗生素的抗藥性普遍出現後，西方科學家才開始認真考慮用噬菌體來對付多重抗藥性的病原菌，也在緊急狀態下透過特殊許可執行了幾件噬菌體治療專案，有成功也有失敗。美國食品及藥物管理局到2019年才批准第一個靜脈噬菌體治療的臨床試驗，距離德雷勒首次的噬菌體治療已經一百年了。

比起抗生素，噬菌體對宿主有更高的專一性，除了目標細菌，噬菌體通常不攻擊其他細菌，所以不太會影響病人體內的正常菌叢，比較不會有副作用。此外，噬菌體會繁殖，快而多，不太需要連續施打或服用。不過，和抗生素一樣，遭受噬菌體攻擊的細菌也會出現抗性突變株。針對這問題，德雷勒當年就提議同時使用多種噬菌體一起治療，這也是現在普遍採取的「噬菌體雞尾酒」療法。

我當博士生的時候，讀到盧瑞亞（Salvador Luria）和戴爾布魯克（Max Delbrück）1943年的經典論文，顯示細菌對噬菌體的抗性突變是自然發生，並非噬菌體誘導出來的。後來又有一篇論文，

提到大腸桿菌 B 種會自然出現抵抗噬菌體 T4 的突變株 B/4 種，但是 T4 也會自然出現可感染 B 種和 B/4 種的突變株。這樣道高一尺、魔高一丈的競賽循環，發生在所有的細菌和噬菌體之間。

　　當然，科學家也會在實驗室嘗試分離或製造新種噬菌體來對付有抗性突變的病原菌，也就是說，細菌和噬菌體之間的演化競賽已經延伸到病床上和實驗室中，不停地進行。人類利用敵人的敵人來對付敵人的戰爭，還會持續下去。

58 蜜蜂族譜數列玄機

花蜜的身世，蜜蜂不關心；首宿，任何時候，對牠都是貴族。

——狄金森（Emily Dickinson，美國詩人）

　　我教過一門課「動腦：生命科學中的嚴謹思考與量化分析」，強調定量與邏輯分析的重要，鼓勵學生發展這方面的觀念和技術。有一次我在備課時，讀到有文章說蜜蜂的族譜裡藏有「費伯納契數列」（Fibonacci sequence），亦即數列中的每一個數字都是前兩個數字的和。蜜蜂族譜中會有費伯納契數列？我細讀，果真有。

　　蜜蜂社會分成三個階級：蜂后、工蜂和雄蜂。蜂后通常只有一隻，負責生育；工蜂負責構築並維持蜂巢、餵食幼蟲以及採集花粉和花蜜；雄蜂只負責和蜂后交配。蜂后通常離開蜂巢進行交配飛行，與別巢的雄蜂交配，把精子存在儲精囊，回巢後排卵時才讓它們結合。受精卵孵出雙倍體（32條染色體）的幼蟲，這些幼蟲最後通常都發育成雌性的工蜂。蜂后另外會產下一些沒受精的卵，只有單倍體（16條）的染色體，會發育成雄蜂。

　　從雄蜂的角度看牠自己的族譜（見216頁插畫）：牠沒有父親，

只有母親（蜂后）；蜂后有雙親，因此這隻雄蜂只有外祖父母；外祖父來自單親，外祖母來自雙親，於是這隻雄蜂有三個曾祖父母。再往推上，牠有五個曾曾祖父母、八個曾曾曾祖父母。1、2、3、5、8……，這就是費伯納契數列！同樣地，雌蜂的先祖也呈現費伯納契數列，不過是從2開始。

讀過《達文西密碼》（*The Da Vinci Code*）嗎？書中蘭登教授在上課時談到黃金比例以及它和費伯納契數列的關係。費伯納契數列的數字越大，相鄰兩個數的比例就越接近黃金比例1.618。蘭登說，蜂巢中雌雄個體數的比例也是黃金比例。熟悉蜜蜂的人就知道這數字很離譜，因為一巢裡雌蜂至少比雄蜂多幾十倍，遠超過這數字。蘭登一定是被蜜蜂族譜分析誤導了。蜜蜂族譜越往上推，相鄰兩親代個體數的比例就越接近黃金比例，雌雄個體數的比例也越接近黃金比例，沒錯。但這說法裡，族譜中所有的祖先必須都是不同個體，才會符合費伯納契數列。這不可能成立，因為整巢雌蜂的父親就是那幾隻與蜂后交配的雄蜂。

決定蜜蜂性別是雌是雄的關鍵，在於蜂后產卵時進行的受精控制，以及染色體上決定性別的基因*csd*（complementary sex determinator）。沒有受精的單倍體卵只攜帶單一個*csd*等位基因，會發育成雄蜂。受精的雙倍體卵攜帶一對*csd*。這一對*csd*如果屬於不同的等位基因（異型，heterozygous），幼蟲會發育成雌蜂；如果屬於相同的等位基因（同型，homozygous），幼蟲就發育成雄蜂。這種雄蜂在孵化後，會被照顧幼蟲的工蜂偵測到（可能根據

體表的分泌物），把牠吃掉，所以蜂群中基本上沒有雙倍體的雄蜂。

蜜蜂性別的遺傳方式、蜂后的離巢交配和工蜂的育幼行為，這整套組合降低了近親交配可能帶來的劣勢風險。這機制也保證蜂后都有異型的 csd，所以不管與她交配的雄蜂是哪一型，她都可以產下雄蜂與雌蜂。如果蜂后帶同型的 csd，當她和也帶同型的雄蜂交配，受精生下來的將全部都是雙倍體的雄蜂，而不會有雌蜂。

孟德爾當年除了豌豆和山柳菊之外，也做過蜜蜂的育種，但是這方面他沒發表任何結果。如果他認真研究蜜蜂的遺傳學，蜜蜂應該會比山柳菊更讓他頭痛。

59 蜜蜂街舞

> 螞蟻是集體聰明和個體愚蠢的動物；人類剛好相
> 反。
>
> ——馮‧弗里希（Karl von Frisch，奧地利生物學家）

第一次看到蜜蜂蜂巢的人都會覺得很神奇吧。雙面的垂直蜂巢上整齊排著一列一列的正六邊形蜂室。這樣的立體結構，達爾文在《物種起源》第七章〈本能〉就說，數學家認為是儲藏蜂蜜和培育幼蟲的完美空間，最省蜂蠟，能容納最多蜂蜜。他稱讚蜜蜂這項工藝是自然界「所有已知最神奇的本能」之一。

蜜蜂的建築工藝真的是如達爾文所說的本能嗎？實際上，德國生物學家馮‧歐爾森（Gabriele von Oelsen）和拉德馬赫（Eva Rademacher）在1979年就發現，蜜蜂建構的蜂巢結構會受到從小接觸的蜂巢結構所影響。成長過程沒接觸過正常蜂巢的蜜蜂，也會築巢，但是牠們所築的蜂巢很凌亂，沒有正常蜂巢那麼規則，顯然蜜蜂築巢的技術依賴本能，也依賴學習。

1940年代，奧地利生物學家馮‧弗里希（Karl von Frisch）發現蜜蜂具有另一項達爾文不知的神奇本事：蜜蜂會用肢體語言傳遞

方位訊息。他觀察到從外面採食回來的工蜂會在蜂巢裡跳一種特殊舞蹈，告訴周遭的工蜂食物的位置。牠跳一種8字形舞步：先搖擺下腹走一段直線，然後右轉一圈回到起點，再重複一段直線的搖擺舞步，再左轉一圈回到起點，這樣反覆數次。目標方位的資訊就隱藏在直線的搖擺舞步中。

搖擺舞步的長短表示目標和蜂巢的距離，目標越遠，搖擺舞步走得越長；搖擺舞線與地球重力方向的夾角代表食物與太陽的夾角。在旁觀舞的工蜂根據這些資訊飛出蜂巢尋找食物。經過多年來各地科學家反覆驗證，蜜蜂舞蹈現在已成為教科書中動物行為的經典教材。馮・弗里希也在1973年獲得諾貝爾生醫獎。

不同蜜蜂物種的舞蹈有細微的變化，但是只有蜜蜂會舞蹈，其他蜂類都不會，所以這舞蹈本事似乎至少部份是蜜蜂天生的。如果這是真的，那麼沒和老手學習過的新手蜜蜂應該也會跳舞。

最近中國科學院西雙版納熱帶植物園的譚墾（Ken Tan）和美國加州大學聖地牙哥分校的聶若杰（James Nieh）合作，在實驗室培養出一窩完全沒接觸過老手的蜜蜂，發現牠們破蛹而出一至二週後也會跳搖擺舞，但是傳遞的訊息錯誤百出，讓其他工蜂飛冤枉路；這些蜜蜂長大後稍有改進，但還是比不上有老手相伴長大的對照組。顯然蜜蜂舞蹈雖然有天生的成份，不需學習就會，但是要正確傳遞訊息，還需向老手學習。

一窩蜂巢可以運作長達數年，蜂巢裡只有蜂后能活那麼久，其他蜜蜂的壽命都只有一至三個月，所以整個蜜蜂社會的集體智

慧必須依賴不停地體驗和學習才能傳承下去。身為農作物的主要
授粉者，蜜蜂的小腦袋只有大約100萬顆神經元（只有人腦的1/10
萬），就演化出這樣神奇的重要智能，很值得我們慶幸。

60 演化也在演化

工具製造者已被他們自己的工具重新塑造。

——克拉克（Arthur C. Clarke，英國科普作家與科幻小說家）

　　我是亞瑟・克拉克的大粉絲。克拉克是20世紀最偉大的科學與科幻小說家之一，也是發明家和未來學家。我有一本他寫的討論人類未來的書《未來的輪廓》（*Profiles of the Future*，1999年英國版），我當初在書中讀到這一段話時大吃一驚：「人發明工具是個誤導的舊觀念，只對了一半。比較正確的說法是工具發明了人。」

　　工具怎麼會發明人呢？他接著說：「最先使用工具的不是人，是人猿。牠們使用的工具讓牠們滅絕。」還有「這些原始的工具改變了牠們的身體姿態和動作，強化了牠們打獵的技術，增強牠們競爭的能力，終究導致牠們從人猿演化成智人。」所以，克拉克認為人猿到人類的演化是工具造就的。

　　文明起始，人類馴化動植物，讓它們去除野性、服侍人類，同時也開始依賴人類；而人類也越來越依賴馴化的動植物。馴化者與被馴化者互相依賴，同樣的互相依賴關係也發生在人和工具之間。工具強化我們、延伸我們，讓我們獲得在生物演化中無法獲得的本

事。使用石器切割，讓我們的祖先失去尖利的指甲和強壯的下顎肌肉；農業和工業的發展讓我們大幅增加食用澱粉食物，導致人類消化澱粉的澱粉酶基因增多；嬰兒期過後繼續飲用動物的乳汁，導致很多現代人成年後還繼續製造消化乳糖的乳糖酶；醫療的進步更扭曲了人類劣勢基因的淘汰，原本很容易被淘汰的遺傳缺陷（例如血友病）在現代社會很容易控制，讓患者得以結婚生子、把血友病的突變流傳下去。從這些角度來說，工具馴化了我們，也促成我們的演化改變。

工具本身也不斷演化，而且越來越快，遠超過生物的演化速度。人類歷經幾十萬年的發展，才把族群擴展到地球各處。電腦只花大約一個世紀就從為數不多的笨拙機器，發展成無數小巧聰明的機器，散佈全球。1981年，手機的使用滲透率才10萬分之一，經過短短三十八年，手機的全球滲透率已經超過95%。

文明越發達的社會，人與工具之間的互利共生越強烈。現代社會最依賴的工具是電腦，它們隱身於幾乎所有需要調控的機器工具中，是我們日常生活不可或缺的夥伴。假想某種神奇的電子風暴讓所有電腦失靈，我們的社會將立刻崩潰，飛機從天上摔落、車輛船隻出事拋錨，家用電器停擺，政府、醫療和商業機構全面癱瘓。越先進的文明，災難越大。

相反地，雖然人類越來越依賴機器，機器卻越來越獨立、越來越不需要人類涉入。自動化系統讓機器自主操作，常比人類更迅速、更準確、更可靠、更能夠處理極度複雜且龐大的問題。在很多

智能方面，機器都超越了人類，不禁令人懷疑並恐懼機器將取代人類。克拉克就說：「我們發明的工具是我們的繼承者。生物的演化將讓路給更快速的步驟：科技的演化。」這好像危言聳聽，但是演化的方向從來都無法準確預測，也無法阻擋，科技文明的演化更是如此。

它會走向哪裡？會把人類帶到哪裡？克拉克在他的科幻小說代表作《2001：太空漫遊》（*2001: A Space Odyssey*）中對人類的起源和未來的走向有戲劇性的臆測，不過他說：「請記得，這只是一部虛構作品。真實通常總是更奇怪得多。」

真實世界的前景變化難測。演化本身，也不停地在演化。

國家圖書館出版品預行編目（CIP）資料

試管與筆桿：遺傳學家的60個跨域探索/陳文盛著. -- 初版. --
臺北市：遠流出版事業股份有限公司, 2023.10
面；　公分
ISBN 978-626-361-259-4（平裝）

1.CST: 科學　2.CST: 文集　3.CST: 通俗作品

307　　　　　　　　　　　　　　　　　112014655

試管與筆桿
遺傳學家的60個跨域探索

作者／陳文盛
繪圖／陳文盛

主編／林孜懃
封面設計／唐壽南
內頁設計／陳春惠
行銷企劃／舒意雯
出版一部總編輯暨總監／王明雪

發行人／王榮文
出版發行／遠流出版事業股份有限公司
臺北市中山北路一段11號13樓
電話／（02）2571-0297　傳真／（02）2571-0197　郵撥／0189456-1
著作權顧問／蕭雄淋律師
□2023年10月1日　初版一刷

定價／新臺幣380元　（缺頁或破損的書，請寄回更換）
有著作權・侵害必究　Printed in Taiwan
ISBN 978-626-361-259-4

遠流博識網 http://www.ylib.com　E-mail: ylib@ylib.com
遠流粉絲團 https://www.facebook.com/ylibfans